문화평론가
김주태 기자

고택을 만나다

문화평론가
김주태 기자

고택을 만나다

옛날에는 누구나 할아버지 할머니가 살고 있는 시골집에 갔던 추억이 있었다. 어머니 손잡고 외갓집 갔던 기억도 있다. 그러나 요즘은 그런 기억조차 없는 경우가 대부분일 것이다. 그래서 요즘 젊은이나 청소년들은 오래된 시골집이나 고택을 가본 기억이 거의 없다. 급격히 도시화가 진행되는 과정에서 우리 전래의 가옥들은 대부분 소멸됐고, 그나마 남아있는 가옥들도 대부분 위기에 처해 있는 게 현실이다.

자라나는 미래 세대가 우리의 문화와 전통을 담고 있는 옛집을 모른다면 우리의 유구한 역사와 문화는 단절될 것이 불을 보듯 분명하고, 이전 세대와의 세대차이를 넘어서 켜켜이 쌓아온 아름다운 우리의 철학과 가치는 영영 빛을 볼 수가 없게 될 것이다. 우리나라가 이처럼 짧은 시간에 많은 경제적 번영을 이룬 바탕에는 우리 선조들의 강력한 정신력과 노력, 그리고 헌신이 깔려 있음을 부인하는 사람은 없다. 그리고 조상들이 남겨준 흥과 놀이가 큰 자산이 되었다.

지금 전 세계를 휩쓸고 있는 한류의 바람도 그 바탕에는 우리의 흥과 신명이 묻어있는 우리 고유의 놀이문화가 자리 잡고 있음을 부인하지 못한다. 그 흥과 신명의 놀이마당이 바로 고택의 마당이었다. 지금도 면면히 끊어지지 않고 내려오는 안동의 하회탈놀이나 양주 별산대놀이, 강릉 관노가면극 등도 다 고택의 마당에서 이루어진 야외공연 형식의 집단 놀이문화가 시작이었다. 세계로 나아가기 위해서는 우리 것을 알아야 한다. 우리에게는 다른 나라 사람들이 부러워 하는 우리만의 독창적인 무엇이 존재한다. 그것이 다음 세대에게도 단단히 자리잡아야 제2, 제3의 BTS가 나올 것이 아닌가.

이 책이 그런 우리의 미래 세대에게 널리 읽히기를 간절히 바란다. 그래서 그들이 우리의 전통과 선조들의 정신세계를 이해하고 배움으로써 이를 자신의 영역으로 활발하게 응용하고 펼쳐나갔으면 좋겠다. 이 책을 중심으로 이전 세대와 미래 세대가 교감하고 공감하고 화합하고자 하는 기틀이 되기를 바라는 마음, 이것이 이 책을 출간하는 진정한 이유가 될 것이다.

고택이란 무엇인가?

고택은 말 그대로 오래된 집이다. 오래되었기 때문에 당연히 우리나라의 전통방식에 의해 지어진 집이다. 초가집, 너와집 등도 있지만 대개는 기와집을 일컬을 때가 많다. 고택은 '적어도 백 년 정도, 또는 그 이상의 시간과 전통 방식에 의해 지어진 집'이라고 정의할 수 있겠다. 집은 사람이 사는 것을 전제로 지은 것이기 때문에 집에는 사람이 살았던 삶의 흔적이 남아있고, 사람이 일정한 공간에 머물게 되면 의식주와 관련된 사람들의 행동양식이 고스란히

• 고택전경 조견당
고택은 적어도 '백 년 정도, 또는 그 이상의 세월이 경과하고 전통방식에 의해 지어진 집'이라고 정의할 수 있다.

투영되어 있게 마련이다.

　사람들이 한 자리에 오래도록 살면서 일정한 행동양식
이 반복적으로 일어나는 현상을 우리는 '문화'라고 부를 수
있을 것이다. 문화란 인간이 한 자리에 정주하면서 의식주
행위를 하면서 일정한 규범과 행동양식이 반복적으로 지
속되는 현상이라고 말 할 수 있겠다. 문화의 사전적인 의
미는 '자연 상태에서 벗어나 일정한 목적 또는 생활 이상
을 실현하고자 사회 구성원에 의하여 습득, 공유, 전달되
는 행동양식이나 생활 양식의 과정 및 그 과정에서 이룩하
여 낸 물질적, 정신적 소득을 통틀어 이르는 말' 이라고 정
의하고 있다. 또 '의식주를 비롯하여 언어, 풍습, 종교, 학
문, 예술, 제도 따위를 모두 포함한다'고 기술하고 있다.

　따라서 고택에는 인간의 문화가 있다는 말이다. 우리가
가족을 이루어 살면서 자연스럽게 형성된 가부장적인 유
교문화도 그렇고 조상을 모시는 장례문화나 제사, 혼례 등
관혼상제도 다 이 범주에 속한다고 할 수 있다. 우리가 쓰
는 언어, 지역이나 동네마다 다르게 쓰였던 사투리도 다
그 지역의 문화를 반영하는 것이고, 제사상에 올리는 제사
음식이 지역마다 차이가 있는 것도 그 지역의 특산물이나
풍습과 밀접한 관계가 있기 때문에 이 또한 문화행위라고
할 수 있겠다.

문화를 지배하는 인간의 정신적인 작용이나 그 작용에 의해 형성된 어떤 정신적 가치가 공유되고 일정 집단에 의해 지켜야 할 덕목으로 규범화된 무엇이 있다면 우리는 그것을 '철학'이라고 부를 수 있을 것이다. 문화가 형성된 어떤 집단을 지배하는 어떤 정신적인 무엇인가가 존재한다면, 오래도록 가문을 형성하고 집단의 가치를 중시해온 고택에 철학이 존재한다는 것은 어쩌면 아주 자연스런 현상일 수 있을 것이다.

'고택에는 정신과 철학이 있다'라는 이 책의 전제는 어쩌면 당연한 논리의 귀결을 넘어서 고택에 담긴 철학과 정신이 무엇인지를 탐구하고 이를 이 시대에 유용하게 적용하고 교육의 소재로 활용하는 것은 우리의 자랑스런 역사와 전통을 배우고 계승해야 할 후손으로서의 지극히 당연한 책무라고 아니할 수 없을 것이다.

1. 고택에 담긴 철학과 정신

신라 천 년 고도인 경주에 가면 '최부잣집'이 있다. 3백 년이 넘도록 만석꾼으로 영남지방 최고의 부잣집이었다. 이 집이 그처럼 오랫동안 부를 유지했던 이유를 들여다보면 다분히 어떤 철학이 존재한다는 것을 인정하지 않을 수 없다. '벼슬은 진사 이상은 하지 말라. 사방 백 리에 굶어 죽는 사람이 없도록 하라' 이런 가훈이 이 집안에 내려온다고 전해진다. '벼슬은 진사 이상은 하지 말라'는 것은 높은 벼슬에 올라가 권력을 탐하다 보면 정적이 생기고, 따라서 그동안 쌓아온 재물도 한순간에 날아가 버릴 수 있다는 점을 경계한 것이다. 또 '사방 백 리 안에 굶어 죽는 사람이 없도록 하라'는 것은 부를 가진 자가 주변의 어려움에 관심을 갖고 적극적으로 소통하라는 가르침으로, 만약 그렇지 않으면 인심을 잃고 원망을 사게 돼 결국 부를 유지하는데 어려움이 올 것에 대비하려는 뜻이 담겨져 있다고 할 수 있다.

전라남도 구례에 가면 섬진강이 보이는 곳에 '운조루'라는 큰 고택이 있는데, 조선 영조 임금 때 북방을 지키던 류이주 장군에게 임금이 목수를 보내 지어준 집으로 알려져 있다. 임금에게 하사받은 영광스러운 집인데도 이 집에는 굴뚝이 없다. 그 이유는 주변에 가난한 사람들이 밥을 못 먹고 지내는데 이 집의 굴뚝에서 밥 짓는 연기가 나면 얼마나 더 배가 고플까를 생각해 그리한 것이라고 한다. 이 집은 더 나아가 '타인능해(他人能解)'라는 나무로 만든 큰 쌀독을 밖에 내놓아 굶주리는 주변 사람들이 언제나 쌀을 퍼갈 수 있도록 했다. 어려운 시절 운조루의 이 쌀독으로 목숨을 연명한 사람들이 결코 적지 않았을 것이다.

강원도 영월군 주천면에는 '조견당'이라는 아주 운치 있는 큰 집이 있는데, 이 집에서는 특이하게도 안채 대청마루 건넛방을 '임신방'이라고 부른다. 이 집 주인은 주변의 어려운 사람들의 자식들이 장성하고도 혼례를 치르지 못하는 것을 안타까워한 나머지 이 집안 자식들을 위해 준비해 놓은 혼례복을 빌려주어 혼례를 치르도록 하는 것은 물론, 신혼 첫날밤을 치를 곳이 없다는 것을 알고 기꺼이 이 방을 내어주어 초야를 치르도록 했다. 열 달이 지나면 대개는 아기를 안고 이 집에 인사를 오는데 요즘 말로 '허니문 베이비'가 태어난 것이다.

경북 안동에는 학봉 김성일 선생의 후손들이 대대손손 살고 있는 '학봉종택'이 있다. 집의 규모도 상당한데 이 집 안에는 '해산방'이 있다고 전해진다. 임신한 며느리가 해산이 임박해지면 이 집 대문을 두드려 제발 우리 며느리가 이 집에서 해산할 수 있게 해 달라고 애원을 한다는 것이다. 그 이유는 이 집에서 자식을 낳으면 학봉 선생처럼 훌륭한 학자가 된다고 믿었기 때문이다. 그러나 사실은 이는 하나의 명분에 지나지 않는다. 이 집에서 해산을 하면 누구라도 아침에 쌀밥과 미역국을 대접해 주기 때문이다. 해산한 며느리에게 쌀밥과 미역국을 주지 못하는 시어머니가 할 수 있는 유일한 방법은 수치스럽기는 하나 학봉종택의 문을 두드리는 수밖에 다른 방법이 없었던 것이다.

위에 몇 가지 노블레스 오블리주(Nobless Oblige)를 행한 고택에 대해 일별해 보았다. 고택에 내려오는 이 같은 이야기는 고택에 철학과 정신이 있다는 것을 보다 구체적으로 반증한다. 주변을 살피고 그들의 어려움에 적극적으로 소통하고 어려운 이들에게 도움의 손길을 내밀기를 마다하지 않았던 아름다운 전통은 우리나라 미풍양속의 근간이라고 할 수 있다. 부와 권력을 가진 고택의 주인들이 문을 걸어 잠그고 주변의 어려움에 대해 냉정히 외면했다면 세상은 얼마나 팍팍하고 인정머리 없는 세상에 대해 원망과 원성이 높았을 것인가. 국가가 하지 못한 일들을, 조정의 임금이 미치지 못한 선정을 지역의 누군가가 대신해 베풀었던 아름다운 전통이 있었기 때문에 우리에겐 오늘날 상부상조의 철학과 정신이 면면히 살아 내려오고 있다고 할 수 있다.

2. 고택의 건축학적인 유산과 과학

고택은 오래된 건축물이다. 건축물은 건축 당시의 시대상은 물론 건축주의 철학과 정신 등 많은 것들을 담고 있다. 같은 고택이라도 지역에 따라 차이가 있고, 시대에 따라 많은 변화를 보이고 있다. 궁궐이나 사찰이 아닌 민간이 지은 한옥은 기본적으로 몇 가지 구조적 공통점이 있다.

우선 여자들이 살림을 하는 '안채'가 있다. 규모가 작으면 안채 하나로 이루어진 가옥도 적지 않다. 여기서 가족의 의식주 생활을 이어가는 것이다. 여자의 살림 공간인 안채가 있다면 남자들의 공간인 '사랑채'가 있다. 사랑채는 안채보다 규모가 큰 경우가 많고 건축물의 격식도 한 단계 위인 것이 일반적이다. 여기서 남자들은 외부 손님도 맞이하고 자기만의 공간을 연출하고 학문과 예술에 정진하곤 했다. 안채와 사랑채가 집 주인들의 공간이라면 외부인이 잠시 머물거나 집주인들의 허드렛일을 도와주는 사람들이 기거하는 '행랑'이 있는데, 이 건물은 대개 집으로 들어가는 대문을 가운데에 두고 양쪽으로 대칭으로 지어지는 게 일반적이다. 대문은 '솟을대문'이라 해서 대문칸을 양 옆의 행랑보다 높게 올려 가옥의 품격과 가문의 품위를 살리고자 했다. 마지막으로 한 가지 더 필요한 건축물이 있어야 한다면 그것은 죽은 자들의 공간인 '사당'이다. 집안의 장손으로 계보를 이어 내려오는 종갓집에는 조상들의 얼과 넋을 기리는 공간이 반드시 필요했다. 규모는 한 칸에서 세 칸 정도로 그리 크지 않지만 전체 가옥의 자리에서 보면 북쪽 언덕배기에 조금 떨어져 짓는 것이 일반적이었다.

이밖에 필요에 따른 생활공간이 더 늘어나게 마련인데 그때마다 별채나 별당의 형식으로 집을 늘려나갔다. 지금까지도 입소문으로 전해 내려오는 큰 부잣집에는 곡식을 저장하는 창고가 있게 마련인데 강릉 선교장의 '북창', '남

•고택 배치도
종가의 일반적인 배치도인데 종가가 아니라면 사당이 없는 경우가 대부분
이고 행랑의 규모도 그 집의 살림살이 크기에 따라 달랐다.

창', 경주 최부잣집의 대형 곡식창고가 이에 해당한다. 선
교장 마당 한쪽에 있는 큰 창고를 가지고 개화 이래 학생
들을 모아 신식학문을 가르치는 '동진학교'를 만들었다니
창고의 규모가 남달랐다고 할 수 있겠다.

안동 임청각에는 '군자정'이라는 보물로 지정된 아담한
정자가 있는데, 이 건물은 집 앞의 낙동강을 바라보는 전
망 좋은 자리에 있을 뿐만 아니라 건물 자체도 매우 특이
한 형태를 보이고 있어 옛날 건축물을 공부하는 사람들의

좋은 자료가 되고 있다. 또 있다. 임청각의 행랑이나 다른 건물들에서도 찾아볼 수 있는 벽 가운데 있는 창호 모양도 예사롭지 않다. 요즘 같으면 창호를 형성하는 사방 네 군데 문선도리가 밖으로 드러나 있는데 비해, 여기서는 벽 가운데 네모난 창호만이 공간 가운데 붕 떠 있는 모양으로 만들어져 있다. 물론 문선도리 자체가 없는 것이 아니라 벽체의 미장 안에 숨겨져 있는 방식으로 목수가 틀을 만들 었다는 것이 특이하다. 조선 중기 이후의 여타 다른 가옥 에서는 찾아보기 힘든 독특한 방식의 창호 형태라고 할 수 있다.

강원도 영월 주천에 있는 '조견당'이라는 선조로부터 7 대째 물려 내려오는 집에는 지붕 위에 있는 세 개의 합각 에 각각 해와 달, 별이 조형되어 있는 아주 독창적인 문양 이 새겨져 있다. 이는 동양철학의 '음양'을 상징한다고 할 수 있다. 동쪽 합각 아래 벽체에는 다섯 가지 채색 돌로 '화 방벽'을 쌓아 올렸는데 이는 색깔마다 동서남북, 가운데, 즉 다섯 방위, '오행'을 나타낸다고 할 수 있다. 지붕의 음 양과 벽체의 오행을 합하면 '음양오행'인데, 다 알다시피 이는 동양사상과 동양철학의 시원이자 원류라고 할 수 있 다. 동양사상에서 음양오행에 무엇인가를 덧붙인다면 그 야말로 사족이라고 할 수 있다. 민가의 건축물에 동양사상 을 이렇게 옹골지게 조형한 가옥은 우리나라에서 이 집이

유일하다.

　충남 논산에 가면 명재 윤증 선생의 후손들이 기거하는 명재고택이 있는데, 이 집에도 많은 과학과 선조들의 지혜가 담겨있는 공간이 적지 않다. 우선 안채와 안채 왼편에 자리잡고 있는 고방이라고 불리는 창고로 쓰이는 건물이 북쪽은 가깝고 남쪽은 벌어진 형태의 평행이 아닌 사선으로 지어진 것이 특이하다. 이는 서양에서 흔히 말하는 '베르누이의 정리'라는 법칙을 실제 건축물에 적용한 흔치 않은 사례로, '기체가 좁은 공간을 통과할 때 유속이 빨라지면서 온도가 내려가는 현상, 기체가 넓은 공간을 통과할 때 유속이 느려지면서 온도가 상승하는 현상'을 말하는데 이를 가옥에 원용한 것이다. 고방은 살림하는데 필요한 식품이나 반찬 등을 저장하는 장소로 이용했는데, 여름에 좁은 이곳을 바람이 빨리 지나가면서 온도를 낮추는 현상이 필요했던 것이다. 공기가 서늘하니 냉장고가 없던 시절 쉬기 쉬운 음식물을 저장하는데 다른 곳보다 유리했음은 물론이다.

사람이 한 공간에 오래 머물면서 삶을 영위하다 보면 어떤 일정한 생활 패턴이 형성되는데 우리는 이를 총체적으로 문화, 혹은 문화행위라고 부를 수 있을 것이다. 사람이 기거하는 집도 오랜 주거환경에 적응하면서 고안되고 발전된 형태의 건축문화일 것이고, 우리가 입고 지내는 의복도 사시사철에 맞추어 때로는 편하게, 때로는 격식에 맞게 창의적으로 진보해온 복식문화일 것이고, 사람이 먹고 자고 결혼하고 성장하는 통과의례 모두가 다 문화라고 할 수 있다. 국가마다, 종교마다 다 다르지만 사람이 죽으면 죽은 이를 보내는 방식도 자세히 들여다보면 다 문화행위라고 할 수 있다. 매장을 선호하는 방식이 있는가하면, 화장을 선호하는 민족도 있고, 보다 원시적으로 돌아가면 시체를 절벽에 매달거나 황야에 그대로 버려 자연상태로 돌아가게 하는 그런 방식도 존재했다.

안동은 우리나라에서 가장 전통적인 도시 중 하나라고 해도 크게 틀린 말은 아니다. 그만큼 전통의 가치를 중시하고 조상의 지혜를 오늘에 구현하려는 사람들이 어느 도시보다도 많다는 얘기다. 오래된 고택도 다른 지방에 비해 훨씬 많다. 안동지방에 오래 전부터 내려오는 하회탈 놀이가 있다. 다양한 모양의 탈바가지를 뒤집어쓰고 각자의 춤

사위를 펼치며 한바탕 돌아가는 놀이가 재미있고, 해학적이고, 풍자적이어서 볼 때마다 흥겨움과 즐거움을 선사한다. 여기서는 놀이가 문화이다. 우리가 기억하지 못할 오래 전에는 고택의 넓은 마당이 하회탈 놀이의 무대였을 것이다. 주인이 내주는 탁주 한 사발이 무대의 흥을 더했을 것이다.

강릉에 가면 선교장이라는 큰 저택이 있는데, 관동팔경을 찾는 많은 인사들이 찾아오는 그런 집이었다고 한다. 이들 가운데는 가난한 화가 지망생들도 있었을 것이다. 이 집에 의탁하면서 종이와 물감을 얻어서 그림공부를 하다가 대가의 반열에 오른 사람도 있다고 한다. 오원 장승업이 이 집에서 한동안 머물면서 그림을 그렸다고 하는데, 당시의 습작이 아직도 남아있다고 한다. 장승업은 단원 김홍도, 혜원 신윤복과 함께 조선 후기 3대 화가로 이름을 떨친 인물이다.

강원도 영월 주천에 가면 조견당이라는 오래된 집이 있는데, 이 집 울안에는 3백 년이 넘는 큰 돌배나무가 있다. 1680년대 한양에서 내려와 이 곳에 정착하면서 심은 나무라는데, 아마 우리나라에서 이 이상 더 큰 돌배나무는 없을 것 같다. 이 집 어른들이 가을에 향기로운 돌배를 주워 술을 빚었는데 이 술이 근방에서 명주로 소문이 자자했는데, 이 집 자손들이 다시금 그 명주를 복원하려고 애를 쓰고 있다. 지금은 30도 담금주에 단순히 돌배를 담가 돌배의 맛과 향을 우려내 마시고 있으나 머지 않은 장래에 이전의 명주를 맛볼 수 있기를 간절히 소망해 본다. 술을 빚는 것은 문화요, 술을 파는 것은 경제이다. 서양의 발렌타인, 조니워커를 생각하면 우리나라도 세계적인 술이 있어야 한다. 그것이 나올 가능성은 고택에 있다고 본다. 오래된 집에는 오래된 비법이 있기 마련이다.

오래된 집에는 오래된 이야기가 있다. 어떠한 문화,예술이든지 이야기가 없고서는 그것이 문화,예술로 설 수가 없다. 문화,예술의 바탕에는 스토리가 있다. 아니, 스토리가 있어야만 문화와 예술이 존재한다. 영화나 연극도 스토리가 있어야 하고, 뮤지컬, 오페라 같은 경우도 역사와 실화를 재구

•조견당 돌배나무
오로지 술을 빚기 위해 심은 나무인데 수령이 3백 50년, 조견[당]
역사와 같다. 서양의 발렌타인이나 조니워커를 생각하면 우[리나]
라도 세계적인 술이 있어야 한다. 오래된 집에는 오래된 술[을 빚]
는 비법이 있게 마련이다.

xviii

성한 스토리가 바탕을 이룬 경우에 성공하는 확률이 높다
는 것을 알 수 있다. 특히 공연예술에 관심이 있는 사람들
은 고택에 한번 가볼 것을 권하고 싶다. 백 년, 이백 년, 삼
백 년 된 고택에는 백 년, 이백 년, 삼백 년 묵은 이야기가
반드시 있다. 수백 년 세월의 무게와 그만한 역사의 주름
을 안고, 다양한 문화의 지층을 가옥에 새기고 이를 관통
하고 살아온 조상들의 이야기가 듣고 싶으면 고택에 가보
라고 말하고 싶다.

•관혼상제(冠婚喪祭)

<관혼상제(冠婚喪祭)>는 전통 유교 문화에서 인간의 일생을 구성하는 네 가지 중요한 예식을 가리키는 말이다. 첫 번째 단계의 관례(冠禮)는 아이가 어른이 되는 성인식으로서, 갓이나 머리에 쓰는 관(冠)의 예식에서 이름이 유래했다. 남자는 갓을 쓰지만, 여자는 계례(笄禮)라 하여 비녀(笄)를 꽂아주는 예식이 있었다. 두 번째 단계는 혼례(婚禮)의 결혼 예식이다. 셋째 단계는 상례(喪禮)라 하여 사람이 사망했을 때 상중(喪中)에 지키는 모든 예절이다. 고인을 예우하고 유가족이 애도를 표하며 조상을 기리는 중요한 예식이다. 네 번째, 제례(祭禮)는 조상에게 음식을 차려 올리고 제사를 지내며 기리는 예법이나 예절이다. 이상의 네 가지를 종합하여 관혼상제라 한다.

•제사(祭祀)

제사(祭祀)는 전통 유교 문화에서 조상에 대한 예(禮)와 효(孝)의 실천으로, 조상의 음덕(蔭德)을 기리고 자손의 도리를 다하는 중요한 의례다. 제사는 단순한 의식이 아니라, 가문의 정체성과 연속성을 유지하는 종교적·도덕적 중심축이었다.

제사의 종류에는 기제사(忌祭祀)라고 하여 조상의 기일(忌日)에 지내는 가장 일반적인 형태의 제사가 있고, 설날이나 추석 등 명절에 지내는 제사로 차례(茶禮)가 있다. 이는 주로 조상의 묘 앞이나 가정에서 지낸다. 묘제(墓祭)라고 하여 조상의 묘소에서 직접 지내는 제사로 보통 한식(寒食)이나 추석 무렵에 한다. 이 밖에도 사시제(四時祭)라고 하여 사계절마다 지내는 춘하추동의 절기에 맞추어 일 년에 4번 제사를 드린다. 조상제(祖上祭)는 일반적으로 고조, 증조, 조부모까지 포함하여 여러 대의 조상을 함께 기리는 제사이고, 시향(時享)은 시제(時祭) 혹은 시사(時祀)라고도 하여 매년 음력 10월에 조상을 같이하는 종중(宗中)에서 공동으로 지내는 제사다. 이는 향사(享祀)라고도 하여 종묘나 서원에서 거행되기도 한다.

• 가문(家門)

가문(家門)은 일반적으로 혈연으로 이어진 집안의 계통 또는 한 집안의 사회적 위상과 전통을 의미한다. 한국 전통 사회에서 가문은 단순한 가족 단위를 넘어서 정체성, 명예, 역사, 유산, 도덕적 의무 등과 깊이 연결된 개념이었다. 가문의 구성 요소로는 시조(始祖)부터 계승되는 혈통적 계보의 조상, 가문의 친척들 구성 모임인 종친회, 가계도를 기록한 족보(族譜), 동성동본(同姓同本)으로 이루어진 공동체인 문중(門中), 조상을 모시는 제사의 공간인 사당(祠堂) 등이다. 가문의 역할과 기능은 전통 사회에서 정체성을 제공하여 누구의 자손인지, 어디서 왔는지를 밝힌다. 혼인 규범을 지킴으로써, 동성동본 금혼과 같은 규율이 있고, 도덕적 기준으로 '가문의 명예'를 지키기 위한 행실과 사회적 위치로서 양반가, 명문가 등으로서의 위상이 있다. 교육적으로는 가훈(家訓)을 통한 윤리 전수의 기능을 한다.

• 혼례(婚禮)

혼례(婚禮)는 결혼식을 의미하는 전통 의례로, 두 사람이 부부가 되는 것을 공식적으로 알리고 사회적·가족적으로 인정받는 의식이다. 한국의 전통 혼례는 단순한 결혼식을 넘어 가족 간의 결합이자 사회적 계약, 예의와 도덕의 실천으로 여겨졌다. 전통 혼례는 육례(六禮)라고 하여 다음과 같은 6가지 순서를 따른다. 납채(納采, 신랑 집에서 신부 집에 혼인을 청하는 의사 표명), 문명(問名, 신부의 생년월일 확인), 납길(納吉, 신부 측에 길일을 정해 알림), 납징(納徵, 예물을 보내는 절차), 청기일(請期日, 결혼 날짜 확정 요청), 친영(親迎, 신랑이 신부 맞으러 감)이라는 복잡한 절차를 따른다.

전통 혼례식 구성 요소로는 결혼식이 진행되는 장소인 초례청(醮禮廳), 신랑의 의복(사모관대), 신부는 활옷과 족두리 착용의 대례복, 신부가 시부모에게 절하며 예를 갖추는 의식의 폐백(幣帛), 신랑과 신부가 서로 절하는 교배례(交拜禮) 등이 있다.

• 솟을대문

솟을대문은 한국 전통 가옥의 대문 중에서도 특별한 의미와 구조를 지닌 격식 높은 대문 형식이다. 그 이름 자체가 갖는 시각적·상징적 뉘앙스와 더불어, 전통 사회에서의 지위와 권위의 상징, 가문의 품격, 사회적 위계질서를 반영하는 중요한 건축 요소다. 솟을대문은 '솟을'+'대문'의 복합어로 주변보다 '우뚝 솟은' 대문이다. 지붕이 일반 담장보다 높게 솟은 대문으로 장식성과 위엄을 더한다.

솟을대문의 상징적 의미는 사대부 가문의 위세와 양반가에서 사용하는 위엄과 격식을 표현하고, 가문의 품위로서 '우리 집안은 예를 갖추고 품위 있는 집안이다'라는 자부심을 느끼게 한다. 신분 구분이 있어서 일반 서민은 솟을대문을 사용하지 못했다. 풍수와 예절의 차원에서는 밖에서 집 안이 보이지 않게 해주는 공간적 배려가 있다. 가문의 대표로서 종손 집인 종택에는 대부분 솟을대문이 있다. 이는 손님을 맞고 제사를 주관하는 집안의 상징적 출입문이다.

현대적 의미에서 볼 때, 오늘날 솟을대문은 거의 실용적으로 쓰이진 않지만, 문화재로 보존되거나 전통한옥의 품격 있는 요소로서 재현되고 있다. 또 전통의 미학, 공간 철학, 위계와 예의의 건축적 표현으로 연구된다. 한마디로 솟을대문은 집안의 '얼'과 '체면'을 담은 건축적 이마(額)이다.

●창호(窓戶)

창호(窓戶)는 전통한옥에서 창(窓)과 문(戶)을 아울러 이르는 말로, 단순한 출입구나 채광구(採光口)가 아닌 공간과 자연, 사람을 이어주는 감각적·철학적 건축 요소다. 특히 창호는 한국 전통 건축의 미의식과 기능성이 어우러진 정수로 평가된다. 창(窓)은 빛과 바람을 들이고 바깥을 보는 '창문'이며, 호(戶)는 드나드는 '문'이다. 창호는 이 둘을 통틀어 부르는 말로, 흔히는 문짝과 창문에 덧댄 틀과 종이를 포함한 구조를 가리킨다.

전통 창호는 나무, 종이, 그리고 손기술의 결정체다. 기능적 역할로는 한지를 통해 부드럽고 은은한 빛이 들어오고, 격자와

종이를 통한 자연스러운 통풍, 종이의 숨 쉬는 성질 덕분에 습도 조절, 외부의 시선은 차단하고 내부에서는 밝음을 유지, 방과 마루, 대청 등 내부 공간을 나누는 공간 분할의 역할을 한다.

철학적 의미로 볼 때, 한국의 창호는 단순한 건축 부속이 아니라, 자연과 조화로운 삶의 방식을 반영한다. 꽉 채우지 않고, 여백을 통해 공간이 숨 쉬도록 하는 비움과 여백, 안과 밖, 사람과 자연, 공간과 시간 사이의 부드러운 경계, 빛과 어둠, 열린 공간과 닫힌 공간 균형이라는 음양의 조화가 있다. 한마디로 창호는 문과 창을 넘어, 빛과 바람, 사람과 자연이 만나는 한국적 삶의 창(窓)이자 문(戶)이다.

• 문선도리

문선도리(門扇道理)는 전통 건축에서 사용하는 전문 용어로, 문짝(門扇)의 설치와 여닫힘에 관련된 구조적 이치와 장치의 원리를 가리키는 표현이다. 한옥 등 한국 전통 건축에서는 문을 단순한 출입구가 아니라, 공간을 연결하고 조절하는 도구로 여겼기에, 그 작동 원리와 장치에도 철학과 기능이 깃들어 있다. 문선(門扇)은 '문짝'을 뜻하고. 일반적으로 두 짝으로 된 출입문을 의미한다. 도리(道理)는 '이치', '원리', 또는 '구조적 원칙'이라는 뜻이다. 즉, 문이 열리고 닫히는 방식과 구조적 장치의 이치를 설명하는 말이다.

문선도리는 하방(下枋), 상방(上枋), 도리(道理), 틀과 선, 경첩/문지방, 이런 요소들이 서로 맞물려서 문이 자연스럽고 튼튼하게 여닫히도록 하며, 그 조립 방식과 설계의 원칙이 바로 '문선도리'다.

‘문선도리’라는 말은 단지 기술적 개념에 그치지 않고, 무언가를 여닫는 이치, 흐름의 자연스러움을 담고 있어 동양적 사고, 특히 유교적 공간 질서 및 도가적 자연 순응 철학과도 관련이 있다. 문선도리란, 문짝 하나에 깃든 건축의 이치요, 삶의 흐름을 조절하는 기술적 지혜다.

•합각(合角)

합각(合角)은 한국 전통 건축에서 지붕의 형태와 구조를 말하는 전문 용어로, 두 지붕면이 서로 모여 만나는 구조를 가리킨다. 특히 ‘합각지붕’은 맞배지붕(도리받이)의 일종으로, 건물의 양쪽 지붕이 삼각형 모양으로 합쳐지는 형태를 가리킨다.

합할 합(合)과 모서리 각(角)의 합성용어로서 합각(合角)은 문자 그대로 ‘모서리가 합해진다’는 뜻이며, 전통 건축에서는 두 지붕 경사면이 모여 이루는 지붕의 구조적 접합부를 말한다. 합각의 건축적 의미는 두 개의 지붕면이 경사져서 양쪽에서 만나 하나의 산 모양(삼각형)을 이루는 구조다. 흔히 ‘맞배지붕’(合角屋頂, gable roof) 형태로 나타난다. 지붕이 정면과 배면은 막혀 있고, 좌우로 경사가 진 구조다. 합각지붕, 합각집, 합각문(合角門) 등이 있다.

합각은 한국 전통 건축에서 가장 기본적이고 조화로운 지붕 구조로, 단순하지만 견고하고, 절제되었으나 품격 있는 전통 미학을 보여준다.

조견당 안채 동쪽 벽에는 오행을 상징하는 화방벽(花芳壁)
이 있는데, 각기 동서남북 중앙을 상징하는 다섯 가지 색깔, 그
러니까 청(동), 백(서), 적(남), 흑(북), 황색(중앙)의 돌로 장
식돼 있다. 물론 돌을 네모나게 다듬어 사괴석 쌓기로 잘 다듬
어 올렸다.

•오행(五行)

오행(五行)은 동아시아 전통 사상에서 우주와 자연, 인간 사
회의 근본 원리를 설명하는 다섯 가지 기본 요소다. 중국 고대
의 음양오행 사상에서 유래하였으며, 철학, 의학, 점술, 음악,
건축, 풍수지리, 예절 등 다양한 분야에 응용되어 왔다. 오행
(五行)의 기본 개념은 오행이 지니는 한자의 상징 요소를 자연
물, 계절, 방위, 색, 장부(한의학) 등으로 구분하여 설명한다.
자연물로서는 나무(木), 불(火), 흙(土), 쇠(金), 물(水)의 다
섯 가지 기운으로 압축하여 설명하고 있다.

오행사상의 기원은 오래 전부터 있었지만 본격적으로 사상
을 정립시킨 건 중국 전국시대의 음양가를 제창한 사상가인
제나라의 추연(騶衍)이다. 추연은 중국 동북지역, 그 중에서
도 자신의 고향 제나라에서 특히 유행하던 음양과 오행에 관한
민간신앙과 이론을 조합해 음양오행설이라는 철학 체계를 구
축했다. 음양가에서는 '오덕종시설'이라 하여 오행설에 입각해
불의 시대인 주나라가 끝나고 물의 시대인 진나라가 천하를 통
일하리라고 예언했는데, 실제로 진나라가 천하를 통일하면서
음양가의 학문적 권위가 덩달아 높아졌다. 이후 동중서를 비

롯한 유학자들이 분서갱유 이후 유교를 재정립하면서 음양오행을 끌어들인 설명을 하였으며, 이는 유교의 전파와 함께 동아시아 문화권에 오행 사상을 널리 퍼뜨리는 계기가 되었다.

•베르누이의 정리

1738년에 네덜란드 과학자 다니엘 베르누이가 정리, 발표한 내용으로, 유체가 규칙적으로 흐르는 것에 대한 속력, 압력, 높이의 관계에 대한 법칙이다.

이해를 위해서는 에너지 보존이라고 생각해도 무방하나, 엄밀히는 뉴턴의 제2법칙의 변형이라 보는 것이 정확하다. 하지만, 유도된 형태는 에너지 보존 법칙과 동일한 형태를 갖는데, 이는 비압축성 유동 경우 에너지 방정식이 운동량 방정식과 분리(decoupled)되면서, 운동량 방정식의 해는 에너지 방정식의 해를 자연히 만족한다는 사실에서 기인한다. 이는 상당히 중요한 사실인데, 근본적으로 운동량 보존과 에너지 보존은 별개의 법칙이기 때문이다. 뉴턴의 제2법칙을 속도 형태로 변형한 뒤 중력장에서 적분하면 운동에너지와 위치에너지의 합이 보존됨을 보일 수 있지만, 이것이 에너지 보존법칙 자체의 증명과는 별개인 것과 같은 이치다.

•통과의례

프랑스 인류학자 반 게넵(Arnold van Gennep)의 『The Rites of Passage』라는 저술이 나오면서 인간사회가 가진 다양한 통과의례(通過儀禮)에 대한 학술적 관심이 시작되었다.

이 연구는 획기적인 성과를 거두며 이후 많은 인류학자가 후속 연구를 하면서 사회와 문화마다 독특한 통과의례가 있음을 밝혔다. 원시사회부터 현대사회에 이르기까지 통과의례를 중요하게 여기는 경향은 여전하며, 의례 형식이나 행사 내용이 달라지고 있지만 그 사회적 기능과 의미는 크게 달라지지 않았다.

사회구성원이 사회생활 속에서 중요한 국면 전환기에 마주하게 되는 의례를 통과의례로 규정한다. 사람들이 사회적으로 다양한 지위를 거치는 것이 마치 물리적인 '영역의 통과', 즉 어떤 마을이나 집으로 들어가고 이 방에서 저 방으로 옮기는 것과도 같다고 보는 것이다. 그리고 물리적 영역을 통과할 때 행하는 상징적인(때로는 매우 간단한 의례인 경우도 있다.) 의례와 사람들이 일생의 중요한 국면에서 이동할 때 치르는 의례인 출산의례, 성인식, 혼인식, 장례식 등을 모두 통과의례로 본다. 통과의례의 종류는 다양하며, 그 범위는 매우 넓다.

•관동팔경

통천의 총석정(叢石亭), 고성의 삼일포(三日浦), 간성의 청간정(淸澗亭), 양양의 낙산사(洛山寺), 강릉의 경포대(鏡浦臺), 삼척의 죽서루(竹西樓), 울진의 망양정(望洋亭), 평해의 월송정(越松亭)을 통틀어 관동팔경이라고 한다. 관동팔경에 평해의 월송정 대신 흡곡의 시중대(侍中臺)를 포함시키기도 한다.

관동은 대관령의 동쪽을 가리킨다. 현재 망양정과 월송정은 경상북도에 편입되었고, 삼일포·총석정·시중대는 북한에 속한다. 강원도 동해안 지방은 명승지가 많은 것으로 널리 알려져 있다. 특히 관동팔경에는 정자나 누대가 있어 많은 사람들이 여기에서 풍류를 즐기고 빼어난 경치를 노래하였다.

팔경 중 대부분이 신라의 전설적인 화랑 신라사선과 관련된 곳들이다. 고려 말의 문인 안축(安軸)은 경기체가인 「관동별곡」에서 총석정·삼일포·낙산사 등의 경치를 읊었고, 조선 선조 때의 문인이자 시인인 정철(鄭澈)은 가사인 「관동별곡」에서 금강산 일대의 산수미와 더불어 관동팔경의 경치를 노래하였다. 8경중 6경은 뭘로 해도 들어가지만 나머지 2경은 공식적으로는 낙산사와 월송정이며 비공식적으로 이들 대신 청초호와 시중대가 들어가기도 한다는 것을 알 수 있다.

고택을 만나다

이 시대에 왜 고택인가

현대인들은 왜 한옥을 원하나

고택의 정신과 철학

서문

이 책은 희망이 아니라 좌절과 분노의 한 가운데에서 만들어졌다. 이것마저 하지 않으면 도저히 견디기 어려운 용광로 같은 울화의 불길로부터 나를 구하고자 시작되었다. 우리 문화의 보고인 고택이 주변으로부터 외면당하고, 이를 수수방관하는 공무원들의 무능과 무소신, 그리고 모든 것을 표의 향방에 따라 움직이는 선출직들의 행태는 한국 사회의 미래를 보는 것 같아 참담함을 느끼기에 충분했다. 책은 만들어졌지만 아직도 모든 것이 가라앉은 것은 아니다.

글을 쓰고 문장을 정리하면서, 사진 속의 고택을 보면서 다시 원점으로 돌아가고자 했다. 부모님이 물려주신, 조상들이 가르쳐주신 바를 너는 제대로 하고 있는가? 묻고 또 물었다. 반성하고 또 반성하였다. 인자하신 부모님의 목소리가 매운 채찍질로 등줄기를 내리치는 것을 느끼면서 일종의 희열을 느꼈다. 아직도 내가 기댈 곳이 있고 돌아가야 할 곳이 있다는 것에 감사했다.

고택은 우리의 소중한 문화 자산이다. 고택은 우리의 과거와 현재, 미래가 달려있는 미래 산업이다. 그래서 고택을 잘 보존하고, 고택에 담겨있는 문화콘텐츠를 발굴, 육성하여 민족의 자긍심을 올리고 문화민족으로서의 위상을 세계무대에 한껏 고양시키는 것이 이제 우리가 할 수 있는 최선의, 최상의 길이다. 이 메시지를 전하기 위해 좌절과 분노의 한 가운데에서도 몸을 일으키곤 했다.

이 책이 우리 문화를 일깨우고 새롭게 한 단계 도약하는 계기가 될 수 있다면 더 없는 기쁨이겠다. 아울러 물려받은 고택을 붙들고 어렵게 분투하고 있는 많은 고택 소유자들에게도 자긍심과 용기를 가질 수 있는 계기가 되길 간절히 바란다.

지난 몇 년 동안 조견당을 지키느라 큰 고생을 마다하지 않은 아내 안양순과 엄마 아빠의 자랑이자 희망인 휘영에게도 사랑을 전하며, 광자, 귀자, 이옥, 귀옥, 조견당 네 분 누님들께도 이 기회에 감사를 드린다. 책이 만들어지기까지 수고해주신 이명권 박사님과 표지 글씨를 써주신 소엽 신정균 선생님, 그림을 그려주신 어람 김승중 선생님께도 머리 숙여 고마운 마음을 전한다.

2017년 2월
주천고택 조견당에서 김주태

이 시대에
왜
고택인가

이 시대에
왜
고택인가

하나.
고택은 우리문화를 담는 그릇

둘.
고택은 동양철학의 건축적 구현

셋.
노블레스 오블리제(Noblesse Oblige)의 산실, 고택

넷.
'봉제사접빈객'의 정신

하나.
고택은 우리문화를 담는
그릇

고택은 오래된 집을 말한다. 전통방식으로 지어진 옛집이 고택이다. 여기에서 우리 조상들은 대를 이어 살아왔다. 사람들이 한곳에서 오래 살면 일정한 생활방식과 규범이 생기게 마련인데, 이를 우리는 문화라고 부를 수 있을 것이다.

대가족을 이루고 한 집에서 대를 이어 살게 되면 가부장을 중심으로 어떤 질서가 형성되고, 이 질서에 순응하다보면 어떤 일정한 생활패턴에 익숙해지기 마련이다. 한때는 한반도 훨씬 북쪽에서 유목민으로 생활해오던 우리민족이 대륙의 북쪽지방을 거쳐 결국은 한반도 깊숙히 이동해 정주하면서 이 같은 안정적인 주거형태와 생활방식으로 빠르게 적응하였을 것이다.

문화는 사람들이 모여서 집단적인 삶을 영위하면서 자연스럽게 표출되는 다양한 '가치추구행위'라고 할 수 있다. 이것은 자연발생적일 수도 있고, 다소 인위적인 면도 있을 수 있다. 문화는 사람들이 만들지만, 사람들은 다시 이를 배우고 습득하며, 다시 이를 바탕으로 확대재생산하는 스스로의 동력을 가진다. 문화에는 학습에 대한 욕구가 담겨있으며, 삶을 살찌우고 사람 사이의 소위 인간관계를 가능케 하는 무엇이 존재한다. 요즘 말로 '소통'의 도구요, 사람들의 정신과 마음을 이어주는 통로로서의 역할이 있다.

문화를 담는 그릇으로서의 古宅. 고택은 그 자체로서 엄청난 문화의 결집체일 뿐만 아니라 그 안에 담긴
복식, 언어, 음식, 규범을 비롯해 철학과 사상까지도 총망라한 문화의 주체적인 융합체라는 것을 알 수 있다.
주천고택 조견당 안채 대청.

이 시대에 왜 고택인가

이런 두꺼운 마룻장을 총알이 과연 뚫을 수 있을까? 어린 병사들의 호기심과 다툼에서 비롯됐을 수 있는...
6.25 때 생긴 총알구멍.   조견당 마루.

따라서 고택에는 문화가 존재한다. 그것도 수 백 년 이어 내려온, 실증적으로 입증된 문화가 그곳에 있다. 한 때 있었다가 금방 없어지는 일회성 이벤트가 아니라, 오랫동안 존재하면서 사람들을 이어주고, 동질의식을 일깨우는 어떤 연대의식으로 자리 잡은, 그런 검증된 문화가 존재한다는 뜻이다.

단오에 그네를 타는 것도 문화요, 한식에 성묘하는 것도 문화요, 널뛰기와 재기차기, 팽이치기도 문화요, 넓은 마당에

서 탈바가지를 뒤집어쓰고 양반을 조롱하는 탈춤도 문화
요, 돼지를 잡고 남은 창자로 순대를 만들어 먹는 것도 문
화요, 가을에 이엉과 용구새를 엮어 초가지붕을 얹는 것도
문화요, 정월대보름에 쥐불놀이를 하는 것과 찰밥에 나물
반찬을 해먹는 것도 문화요, 언손을 호호 불며 찰밥을 얻
으려 다니는 것도 다 문화요, 문화행위인 것이다.

고택에는 또 정신문화가 존재한다. 인간은 어쩌면 교육의
산물이다. 교육은 정신을 깨우치는 행위이다. 교육은 학교

고택에 담긴 문화는 시간과 역사의 산물이다.

名品古宅 名品講義

문화를 담는 그릇으로서의 고택에서 부엌은 매우 중요한 역할을 담당했던 공간이다. 조견당 부엌.

이 시대에 왜 고택인가

문화행위의 주체로서의 고택에는 구체적인 의식과 그런 의식을 가능케하는 축적된 컨텐츠가 쌓여있게 마련이다. 조견당 떡시루.

이전에 이미 부모의 품에서부터 시작된다. 할아버지 할머니의 자애로운 훈육에서부터, 어머니 아버지의 가르침은 물론, 집안 어른들의 눈초리와 삼촌, 사촌, 육촌들과의 관계, 그리고 보이지 않는 이들과의 경쟁 과정에서 교육은 이루어진다. 교육은 인간의 행동방식을 규정하고, 한 인간이 인간으로 살아가기 위한 필수적인 습득과정이다. 여기에서 지식을 얻고, 관계에 대해 눈을 뜨며, 자신의 미래와 집안의 역학관계, 나아가 자신이 속한 커뮤니티의 위상과 발전적 자아에 대한 이상과 포부를 갖게 되는 것이다.

이전 세대의 활발했던 삶의 모습이 적극적으로 투영된 자리였으나 이제는 과거의 문화를 회상하는 장소가 되었다. 조견당 장독대.

고택에는 이러한 교육의 틀을 규정짓는, 한 인간이 인간의 모습으로 살아가야 하는 데 필요한 최소한의 규범이 존재한다. 그래서 '집안'이라는 매우 포괄적인 어휘가 광범위하게 사용되었고, '가문' 혹은 '문중'이라는 말이 저절로 어떤 '규범'이라는 말과 동의어로 자리매김하게 된 것이다. 나를 둘러싼 어떤 문화가 교육과 전통으로 이미 존재한다는 것이고, 이를 바탕으로 한 인간이 규범적인 인간으로 변모하고 스스로 자아를 깨우쳐 나아가는 과정을 밟게 되는 것이다.

둘.
고택은 동양철학의 건축적 구현

동양사상을 한 마디로 축약해 표현하면 '음양오행(陰陽五行)'이다. 음양은 우주의 이치를 말함이고, 오행은 동서남북과 가운데, 즉 다섯 방위를 이름이니, 음양오행은 우주만물의 운행과 질서를 일컫는다고 할 수 있겠다. 오래 전부터 동양에서는 세상을 음양오행으로 풀어 설명하려는 철학자들이 많았고, 이 음양오행을 하나의 학설로 정리해 우주만물의 소생과 질서를 음양오행의 틀로 이해하고 이를 논리적으로 풀어나가는 학문이 주류를 이루었다.

고택에도 이 음양오행의 원리가 적용되었다. 음양이 우주의 생성과 소멸을 나타내는 하나의 철학적 근거라면, 오행은 인간의 삶을 규정하는 다섯 가지 방위, 색깔, 체질, 절기 등 지상의 모든 원리가 여기에 그 바탕을 두고 있다는 이론이다. 고택이 사람이 사는 공간이자, 대를 이어 전통과 문화를 구현하는 주거라면, 음양오행의 원리와 이론을 주택에도 원용하는 건 지극히 당연하다고 할 수 있다.

강원도 영월군 주천면에 있는 주천고택 조견당(酒泉古宅照見堂)에 가면 음양오행의 원리를 생생히 시각적으로 확인할 수 있다. 안채 팔작지붕에는 음양의 대비가 아주 뚜렷하게 만들어져 있다. 조형적으로도 매우 아름답게 돼있다. 우선 동쪽 합각에는 해가 조형되어 있다. 둥근 화강암으로 된 해 주변에는 햇살까지 선명하게 만들어져 있다. 태양 아

우리의 건축에는 철학이 담겨 있다. 철학의 건축적인 구현이 실체적으로 드러나는 예는 그리 흔한 것은 아니다. 조견당 지붕 합각에 새겨진 동양철학의 상징으로서의 해(동쪽).

이 시대에 왜 고택인가

래에는 돌을 네모나게 다듬어서 사괴석 쌓기로 두 단을 올렸다.

서쪽에는 달을 조형했다. 역시 두 단의 사괴석 쌓기 위에 단아하고 예쁜 달을 진흙 앙토 안에 만들어 넣었다. 달 주변에는 와편을 다듬어 구름을 표현하였다. 우주의 한 각을 차지하고 어두운 밤을 장식하는 달을 서쪽에 배치한 뜻은 우주를 음양의 원리로 보았던 당시 조상들의 우주관, 세계관을 그대로 반영한 것이라고 볼 수 있다.

조견당 안채 북쪽의 합각에도 무엇인가 조형되어 있는데, 언뜻 보기에는 이것이 무엇인지 구분이 잘 안가는 면이 있다. 하지만 조금만 깊이 생각하면, 이것이 해도 달도 아닌 별이라는 것을 알 수 있다. 별도 그냥 별이 아니라 북극성을 나타내는 조형물이다. 우리 조상들은 높고 귀한 것은 다 북쪽에 있다고 믿었다. 돌아가신 조상도 북쪽에 계시고, 살아있는 임금도 북쪽에 있고, 우리가 범접하기 어려운 높고 귀한 것은 다 북극성처럼 북쪽에 존재한다는 의식을 갖게 된 결과이다. 동쪽과 서쪽에 비해 다른 점은 별 아래 사괴석 기단이 3단으로 쌓여 있다는 점이다. 내가 받치고 있는 대상이 더욱 높고 귀하다는 의미로, 궁궐의 세벌대를 연상하는 3단의 사괴석 쌓기로 마무리한 것이다.

동양사상의 핵심은 '음양오행'이다. 음과 양을 지붕 합각에 조형해 놓은 것은 매우 독창적이고 탁월한 철학적 해석의 결과물이다. 조견당 안채 합각에 조형된 달(서쪽)과 별(북쪽).

음양과 오행은 서로 분리되어지는 것이 아니라 서로 상생 보완하는 논리적 귀결을 갖고 있다. 지붕 위 합각과 화방벽에 대해 설명하는 종부.

조견당에는 음양만 있는 게 아니다. 오행도 있다. 음양과 오행은 서로 분리되어지는 것이 아니라 서로 상생 보완하는 논리적 귀결을 갖고 있다. 음양에는 오행이 따르고, 오행에는 음양이 공존하는 모양인 것이다. 조견당 안채 동쪽 벽에는 오행을 상징하는 화방벽(花芳壁)이 있는데, 각기 동서남북 중앙을 상징하는 다섯 가지 색깔, 그러니까 청(동), 백(서), 적(남), 흑(북), 황색(중앙)의 돌로 장식돼 있다. 물론 돌을 네모나게 다듬어 사괴석 쌓기로 잘 다듬어 올렸다. 화방벽 아래쪽은 위에 비해 좀 더 큰 돌로 쌓았고, 위로 올

상단 와편 가운데 맨 왼쪽에 있는 붉은 돌이 해, 그 다음 푸른 돌이 달, 그리고 오른쪽으로 멀리 떨어져 있는 흰 돌이 별이다. 우리 조상들이 생각했던 지구로부터 달까지의 거리, 별까지의 거리감을 짐작케 하는 흥미로운 자료이다.

라갈수록 돌의 크기를 줄여 전체적으로 안정감과 균형감을 유지하는 지혜와 수완을 유감없이 발휘했다.

또, 상단에는 와편으로 상징되는 우주공간에 다시한번 해(붉은색), 달(푸른색), 별(흰색)을 배치했는데, 해와 달은 가깝게 두었지만 별은 오른쪽 끝으로 멀리 떨어뜨려 놓았다. 이는 우리 조상들이 상상했던 지구로부터 해와 달, 별까지의 거리감을 짐작케하는 소중한 자료가 되고 있다.

名品古宅 名品講義

셋.
노블레스 오블리제 Noblesse Oblige 의 산실, 고택

'노블레스 오블리제' 혹은, '노블레스 오블리주'라는 말은 '높은 신분에 따르는 도덕적 의무'라고 번역할 수 있겠다. 사회 고위층 인사에게 요구되는 높은 수준의 도덕적 의무는 언제나 한 사회나 국가를 지탱하는 든든한 버팀목이었다. 사회 지도층이 제 역할을 하지 못하거나, 한 걸음 더 나아가 이들이 부패하거나 사사로운 이익에 탐닉하게 되면 그 사회나 국가는 돌이킬 수 없는 지경에 빠지고 말 것이다.

때는 1347년, 영불간의 백년전쟁 당시. 영국 왕 에드워드 3세는 프랑스를 침공해 포위된 칼레의 시민들에게 마지막 기회를 주겠다고 선포한다. 도시가 모두 불타고 시민들이 도살되는 그런 상황을 모면하려면 칼레의 시민 중에 누군가는 책임을 져야한다고 으름장을 놓았다. 이 때 죽음을 자처한 용감한 시민 7명이 있었는데, 이들은 모두 이 도시의 명망가들이었다.

이 도시의 최고 부자였던 생 피에로는 죽음을 자원한 사람들의 용기가 꺽이지 않도록 처형이 예고된 전날 스스로 목숨을 끊었다. 다음날 영국 왕 에드워드3세는 이들의 목숨을 살려주자는 왕비의 간청에 못이기는 척 자비를 베풀어 나머지는 모두 생명을 구하게 된다. 이로부터 5백 50년이 지난 1895년 프랑스의 유명한 조각가 로댕은 칼레시로부터 이 용감한 시민들의 조각상을 만들어 달라는 의뢰를 받고 제

도시를 대표해 죽음을 자청한 시민들. 로댕 작 '칼레의 시민'.

작에 들어갔는데, 이것이 바로 그 유명한 '칼레의 시민'이다.

우리나라에도 이 같은 노블레스 오블리제를 실천한 사람
이나 가문은 많았다. 나라와 민족이 누란의 위기에 처했을
때 분연히 떨치고 일어나 자신의 목숨을 초개처럼 바친 이
야기는 지금도 우리의 가슴을 뛰게 하고 있다.

안동에 가면 '임청각(臨淸閣)'이란 오랜 집이 있다. 임청각
은 조선 초기 중종 때인 1515년에 건립된 고성이씨 종택이

다. 건립된 지 5백 년이 지났다. 별당인 군자정은 조선 초기의 건축을 대표하는 매우 특이한 양식의 건축물로 보물로 지정돼 있다. 이 집은 상해 임시정부 초대 국무령을 지낸 석주 이상룡 선생의 집이기도 하다. 이상룡 선생은 일제가 강제로 이 나라를 병탄하자 그 다음 해에 일가와 식솔들, 그리고 안동지역의 뜻있는 유생들과 함께 서간도로 건너가 항일 무장투쟁의 선봉에 서게 된다. 이 때 임청각은 물론 주변 전답들을 모두 팔아 가 군자금으로 썼다. 하지만 군자금이 부족하자 다시 국내로 몰래 들어와 문중에서 다시 가까스로 매입한 이 종갓집을 두 번이나 더 팔아갔다고 한다.

1930년대 독립운동의 무대를 상해로 옮긴 선생은 상해 임시정부의 초대 국무령이 되지만 끝내 독립을 보지 못하고 만리타향에서 한 많은 여생을 마치게 된다. 물론 자식들도 풍찬노숙, 모두 흩어지고 집안은 완전히 풍비박산되기에 이르렀다. 어찌 고성이씨 석주 선생의 가문뿐이겠는가. 이시영, 이회영 선생 집안도 일찍이 독립운동에 뛰어들어 나라를 되찾고 민족의 앞날을 걱정하는 일이라면 앞뒤를 가리지 않았다.

경주 교동에는 경주 최씨들이 누대에 걸쳐 살아왔다. 경주 최부자 하면 모르는 사람들이 없을 정도로 선행을 베푼 가문으로 정평이 나 있다. 이 집안에는 대대로 내려오는 몇

안동 임청각 행랑. 석주 이상룡 선생의 생가로 대대로 내려온 고택을 팔고 독립운동에 헌신하였다. 노블레스 오블리제의 전형적인 표본을 몸소 실천하고 보여준 예이다.

이 시대에 왜 고택인가

석주 이상룡 선생의 임시정부 국무령 취임 소식을 알리는 당시 신문기사.

가지 철칙이 있었는데, '진사 이상의 벼슬을 하지 말 것'과 '만 석 이상의 재산을 모으지 말라'는 다소 특이한 교육을 자식들에게 했다. '흉년에 사방 백리 안에 굶어죽는 사람이 없게 하라'고도 가르쳤다. 또 흉년에 사람들이 토지를 버리다시피 하고 고향을 등질 때 이 농토를 헐값에 사는 일이 없도록 엄격히 금하기도 했다. 남의 불행을 틈타 나의 배를 불리는 일이 없도록 했으며, 이들이 다시 돌아와 농사를 짓고 살 수 있도록 배려하기 위함이었다.

전남 구례군 토지면에 있는 문화류씨 세거지였던 운조루에 가면 커다란 쌀통이 있는데, 이 쌀통이 흉년에 인근 사람들이 주린 배를 채울 수 있었던 거의 유일한 무료급식소 역할을 했다. 어려운 사람들도 다 자존심이 있는지라 '타인능해(他人能解)'라고 써 붙이고 주인이 보이지 않는 곳에 멀찍이 놓아두었다. 만약 며칠이 지나도 쌀독이 비지 않으면 주인 어른이 며느리를 불러 야단을 쳤다고 한다. "이 흉년에 쌀독이 비지 않은 걸 보면 필시 우리가 인심을 잃은 것 아니냐." 이 집에 가보면 굴뚝이 매우 낮게 만들어져 있는 걸 보고 의아해 하는 사람들이 적지 않다. 당당히 담 밖으로 높이 솟아있는 다른 지방 굴뚝과는 좋은 대비가 된다. 그 이유는 가난한 이웃들이 이 집에 연기가 피어오르는 걸 보면 얼마나 더 배가 고플 것인가를 생각해 그렇게 한 것이라고 한다.

타인능해(他人能解) 쌀독. 주변에 사는 어려운 이웃을 위해 마련한 운조루 주인의 마음이 전해지는 물건이다.

조견당은 어려운 시기에 혼례를 못 치르는 젊은 사람들에게 혼례복을 마련해 놓고 혼례를 치르도록 했다. 조견당에 걸린 청사초롱.

강원도 영월 주천에 있는 주천고택 조견당은 어려운 시기에 혼례를 못 치르는 젊은 사람들에게 혼례복을 마련해 놓고 예식을 치르도록 했다. 심지어 초야를 치를 자리가 없어 주변을 배회하는 신랑신부에게 방을 내어주고 하룻밤 신혼의 단꿈을 꿀 수 있도록 배려해 주었다. 단칸방에서 부모가 어린 동생 대여섯 명을 끼고 자는 방에 방금 결혼한 신랑신부가 함께 첫날밤을 보내게 할 수는 없었기에 조견당 종부는 그들에게 하룻밤 따뜻한 잠자리를 제공해 주었던 것이다.

넷.
'봉제사접빈객'의
정신

옛날 조선시대 양반가문에서 자식들을 가르치는 가장 핵심적인 문구 하나를 꼽으라고 하면, 단연 '봉제사접빈객(奉祭祀接賓客)', 이 여섯 자로 된 구절을 첫 번째로 떠올리는데 주저함이 없을 것이다. 여기서 '봉제사'란 제사를 잘 받들어 모시라는 것이고, '접빈객'은 손님을 잘 대접하라는 뜻이다. 여기서 '봉'과 '접'은 타동사로 목적어인 '제사'와 '빈객'을 받는 말이 된다. 다시 말하면 '제사를 잘 모시고'에서 '제사'가 목적어이고, '빈객을 잘 대접한다'에서 '빈객'이 목적어가 되는 두 개의 문장으로 구성된 말이다. 봉제사는 당시 누구나 제사를 지내는 마당에 특별히 강조할 것도 없지만, 두 번째 구절인 접빈객에 방점이 있다고 봐야 할 것이다.

접빈객의 접이 타동사이고 빈객이 목적어라면, '빈객'은 하나의 단어가 아니라 '빈'과 '객' 두 단어로 된 말이다. 여기서 '빈'은 내가 초대한 손님을 말하고, '객'은 제 발로 찾아온 사람을 말한다. 그러면 빈과 객중에서는 어디에 방점이 있는 것일까? 내가 초대한 사람일까? 아니면 제 발로 문지방을 넘어온 사람일까? 후자에 방점이 있다. 내가 초대한 사람은 평소 그에 대한 정보가 있을 뿐 아니라, 어느 정도 손님을 맞을 준비가 되어 있다는 뜻도 내포되어 있다. 하지만 객이란 주인 입장에서는 이름도 성도 모르는, 그야말로 아무런 정보도 갖지 못한 나그네인데, 이 사람을 유심히 지켜볼 필요가 있다.

조견당 10대 며느리 안양순 여사. 시어머니가 사용했던 또아리와 물동이를 이고 직접 시연해 보이고 있다.

이 시대에 왜 고택인가

조견당은 2013년 문화체육관광부로부터 명품고택으로 선정되었다. 명품고택은 전국의 6백 50여 가구의 고택문화재 가운데 80여 가구를 엄격한 기준으로 선정해 고택의 격을 높였다는 평가를 받았다.

옛날 조선시대를 보자면, 전국의 명승지나 자기가 사는 고장으로부터 먼 곳을 여행할 수 있는 사람은 극히 제한적이었다. 왜냐하면 지금과 같이 호텔이나 여관 같은 숙박시설이 있을 리 만무하고, 고작 주막 정도가 있을 뿐인데, 함부로 먼 곳을 다니기 쉽지 않았을 것이다. 또 지금처럼 어디나 식당이 즐비해 아무 음식이나 골라먹을 처지가 아니었기에, 먹고 자는 일이 쉽게 해결되지 않는 관계로 어디 먼 거리를 출타한다는 것은 참으로 어려운 일이었다.

옛날 과객들은 여기에서 '이리 오너라' 하고 주인을 찾았다. 지금도 많은 빈객들이 찾아오고 있다.   조견당 대문.

하지만, 그럼에도 불구하고 그것이 가능한 사람들이 있었다. 첫째, 의술이 있는 사람들이다. 침을 놓거나 부항을 뜰 줄 아는 사람은 어딜 가나 환영을 받았다. 예나 지금이나 아픈 사람은 전국 도처 어디에나 있는 법이다. 다음은 글줄이나 꿰고 있는 학식이 있는 사람이다. 이들은 어디 먹고살만한 양반 집 자제를 가르치게 되면 먹고 자는 일은 일단 해결된다. 학문이 얕아 금방 탄로가 나기 전에는, 그래도 선생님으로 대접받고 한동안 안정적인 생활이 가능한 경우이다.

사진이 없던 시절에는 주인의 영정을 그리는 환쟁이가 대접을 받았다.   담 너머로 넘겨다 본 조견당 안채.

가장 환영을 받는 경우는 그 집안의 어른 영정을 그리는 사람인데, 사진이 없던 시절 영정사진을 꼼꼼히 털 오라기 하나도 빼놓지 않고, 심지어 검버섯이나 마마자국까지 곧이곧대로 그리는 세밀화의 기본정신에 충실한 환쟁이들이 환영을 받았다. 이들은 집안 어른과 가까이 지내면서 얼굴 모양이나 풍채 등을 세밀하게 살피고 이를 화폭에 옮기면서 많은 시간을 보내게 된다. 가을에 시작해서 겨울을 지나고 봄에 그림이 완성된다. 여름에 왔다가 겨울에 가기도 한다. 홑적삼으로 왔다가 솜바지 저고리를 얻어 입고 가기도 한다.

물론 가세가 넉넉한 집안이면 엽전도 두둑하게 쥐어줬을 것
이다. 남의 동네를 가서 며칠 탈 없이 지내려면 하다못해
사주팔자를 풀어주거나 관상이라도 볼 줄 알아야 한다.

그러나 객중에는 무서운 객이 반드시 있게 마련인데, 왕가
의 종친이나 암행어사 같은 사람이 그들이다. 담이 높은 솟
을대문 앞에서 '이리 오너라'라고 외치는 소리는 나의 신분
이 이 집 사람보다 결코 낮지 않다는 자신감에서 나온 소
리다. 조선에 이런 말을 할 수 있는 사람이 왕가의 종친이나

집 구경을 온 사람들이 맘 편히 들어올 수 있도록 찻집 간판을 세웠다.

큰 집을 지키고 살려면 마음을 열어야 한다. 불시에 찾아오는 객에 대한 후한 대접은 집을 안전하게 지키고 보호하기 위한 최선의 선택이었다. 조견당 안채(일부)

고관대작 높은 벼슬아치 말고는 별로 없을 것이다. 이런 객들을 잘못 대접했다가 쥐도 새도 모르게 낭패를 당하는 일이 종종 있었다고 한다. 객에 대한 융숭한 대접은 어찌 보면 집안을 안전하게 지키고 보호하기 위한 어쩔 수 없는 선택이자 그나마 가장 손쉬운 방법이었다고도 할 수 있다. 큰 집을 지키고 살려면 마음을 열어야 한다.

이제 시대가 많이 바뀌고 세상의 가치도 크게 변했다. 하지만 조상을 잘 모시고 손님을 정중히 접대하는 것은 예나 지

조견당을 찾아온 귀한 손님들. 이명권 박사(왼쪽 흰 셔츠)는 사랑채인 효성재의 주련을 주역의 8괘를 넣어 지어 주신 분이다.

금이나 크게 달라질 수 없는 우리의 아름다운 전통이다.

지난 60년대까지만 해도 조견당 아랫목에는 추운 겨울날 느닷없이 찾아오는 나그네를 위한 밥 한 사발이 아랫목 요 아래 늘 파묻혀 있었고, 행랑방에는 얼어 죽지 않을 만큼의 군불을 지펴 누군가 불시에 잠자리를 청하는 객에 대한 준비를 해놓곤 했던 기억이 난다.

현대인들은
왜
한옥을 원하나

현대인들은
왜
한옥을 원하나

하나.
한옥은
친환경 주거 공간

한옥이 친환경적인 건축물이라는 것은 굳이 설명을 하지 않아도 다들 수긍할 것이다. 친환경적이라는 것은 우리를 둘러싸고 있는 환경과 거스름이 없이 잘 조화하고 있다는 말이다. 그 조화를 위해 우리 조상들이 기울인 노력은 오늘의 우리가 가늠하기조차 어렵다. 그렇기 때문에 친환경적인 건축물인 한옥은 주변 환경에 잘 어울릴 뿐 아니라, 건축물 자체도 물론이거니와 건축물이 앉은 자리와 좌향(坐向) 등 어느 것 하나 예사롭게 넘길 게 하나도 없다.

우리민족은 오래 전부터 자리를 잡는 데 온갖 노력을 기울여 왔다. 사람이 사는 집터를 양택(陽宅), 죽으면 묻히는 곳을 음택(陰宅)이라 해서, 여기에 기울인 노력과 학문은 물론, 재물까지 모든 것을 아끼지 않고 쏟아 부었다. 요즘 말로 여기에 '올인'한 셈이다. 그 결과물인 집터와 묫자리는 한마디로 명당이냐 아니냐 하는, 종종 세간의 관심이 되기에 충분한 논란과 논쟁의 중심이 되기도 했었다.

'명당이냐 아니냐'도 결국은 '친환경적이냐 아니냐'의 판단에서 그리 벗어난 것은 아니다. 다시 말하면, 인간을 이롭게 하는 그런 환경조건이냐 아니냐의 기준이 명당의 조건이 되고 친환경의 전제조건이라 해도 틀리지 않다. 그런 면에서 고택이 앉은 자리를 유심히 살펴 볼 필요가 있다. 우리 조상들이 심혈을 기울여 잡은 양택의 결과물인 고택이 오늘

우리 조상들은 좋은 양택과 음택을 찾는데 학문과 재물 등 모든 것을 쏟아 부었다고 해도 과언이 아니다. 그 결과물이 소위 명당인 것이다. 조견당 마당에 핀 맨드라미.

현대인들은 왜 한옥을 원하나

명당에 지어진 건축물은 오래 간다. 풍수해는 물론 전쟁이나 기근 같은 인문학적인 재앙으로부터도 안전할 수 있는 자리가 명당이다. 조견당 사랑채 가구(架構)(일부).

날 어떻게 존재하고 있는지, 흙과 나무로 지어진 한옥이 어떻게 비바람을 견뎌내고 오늘에 이르렀는지, 궁금증을 푸는 게 핵심 사안이라고 하겠다.

자리를 잡을 때 흔히 쓰는 말이 '풍수(風水)'다. 풍수는 말 그대로 바람과 물이다. 바람은 땅 위 공기를 말하고, 물은 땅 밑 지형을 말한다. 땅 속에는 우리가 모르는 많은 것들이 있다. 암반이 있을 수도 있고, 물이 흐르는 수맥이 있을 수도 있고, 모래땅도 있을 것이고 차진 진흙땅도 있을 것이

다. 그 땅속 지형을 알아야 그 위에 무엇인가 건축행위를 하
거나 말거나 판단을 할 수가 있다. 따라서 풍수를 알아야
자리를 잡을 수 있는 기본적인 판단 기준이 생기는 것은 너
무도 당연한 일일 것이다.

풍수를 말할 때 풍수와 함께 늘 따라다니는 말이 있는데,
그 단어가 '비보(裨補)'이다. 비보란 뭔가 부족한 면을 메운
다, 보완한다는 뜻이다. 우리가 흔히 명당에 대해 얘기하지
만 모든 것이 완벽히 갖추어진 명당이란 애당초 존재하지

명당이라는 확신이 들면 집을 짓는다. 한옥은 목재와 흙으로 지어진 건축물이다. 목재로 쓰여진 소나무는 최
고의 건축자재이다. 은은한 소나무 향을 맡을 수 있는 한옥이야말로 주거공간의 백미이다. 조견당 사랑채.

명당을 찾는 이유는 무엇인가? 문화를 꽃피우기 위해서이다. 그 결과물인 고택에는 수많은 문화의 장치들이 있게 마련이다.   조견당 사랑채.

않는지도 모른다. 완벽한 명당이란 이론으로만 존재할 뿐 실제 명당은 우리가 바라는 하나의 이상에 불과하다. 결국 부족한 무엇을 채우고 보충해야 한다는 것인데, 이 말이 비보인 것이다. 그래서 우리 조상들은 풍수하면 비보요, 비보하면 바로 풍수라는 말로 일종의 대구(對句)를 이루어 사용해 왔다.

풍수나 비보의 원리를 이용해 집터를 잡고 집을 짓는다는 것은, 집 주인이 자신이 살 집에 대해 능동적으로 의사결

정을 하고 집이 완성될 때 까지 일련의 과정에서 적극적으
로 개입한다는 것을 의미한다. 따라서 집을 짓는 목수나 미
장공이나 와공, 석공들 어느 누구도 집 주인의 지시에 따라
집을 지어야 하고, 집 주인의 눈치를 보며 작업을 진행할 수
밖에 없는 구조를 가지게 된다. 그렇기 때문에 완성된 집은
주인이 직접 지었다는 뿌듯한 성취감이 동반되고, 오래도록
이 집에 대한 애정과 남다른 자부심이 따르게 되는 것이다.

현대인들은 자신이 주거하는 공간에 온갖 문명의 이기들을

한옥에 놓여 있는 가구(家具)는 주인의 생활철학과 품격을 반영한다.   조건당 사랑채 대청마루.

한옥을 구성하는 요소에는 나무와 흙이 필수적이다. 나무와 흙은 친환경적인 건축 자재이기 때문에 옛 사람들은 요즘 도시인들이 앓고 있는 각종 환경질환으로부터 자유로울 수 있었다.

구비하고 살지만, 정작 인간 스스로가 원하는 원초적인 것에 대해서는 그렇지 못한 것이 현실이다. 요즘 도시에서 태어나는 아이들 가운데 절반 이상이 아토피를 가지고 태어난다는 보고가 있다. 아토피는 거의가 선천성 피부염인데, 나쁜 공기와 먼지, 도시생활이 주는 스트레스 등이 그 원인으로 알려져 있다. 아토피가 있는 어린이 중에서 절반이 넘는 아이들은 평생 이를 가지고 살아야 한다고 한다. 현대인의 주거환경이 이만큼 사람이 사는데 치명적인 결함과 취약점을 가지고 있다는 것을 반증하는 사례이다. 한옥은 단순

한옥의 뼈대를 이루는 기둥이나 도리, 서까래는 모두 나무이다. 벽체도 수수대궁이나 나뭇가지, 황토 등으로 막았다. 모두가 친환경적인 소재이다.

한 재료로 구성되어 있다. 한옥의 뼈대를 이루는 기둥이나 도리, 서까래는 모두 나무이다. 기둥 사이를 메워 주거공간을 구획 짓는 벽체도 잔 나뭇가지와 흙으로 만들었다. 기와는 흙을 구워 만든다. 흙으로 성형해 아무리 높은 열기에 구워 냈다 해도 기와는 돌이 아니라 흙에 가깝다. 기와에 이끼나 풀씨가 쉽게 자리 잡는 걸 보면 확실히 기와는 돌보다는 흙에 가까운 물건이다. 단순하게 표현하면 한옥은 나무와 흙으로 지어진 집이다. 기와가 없으면 볏짚으로 이엉을 엮어 올렸는데, 초가지붕도 다 친환경적인 소재가 아니고 무엇이랴.

둘.
한옥이
세계로 나가려면

요즘 우리 한옥에 대해 많은 사람들이 관심을 갖고 있다. 한옥에서 살고 싶은 생각을 가진 사람들도 적지 않은 것 같다. 한옥에서 한번 살아보는 것이 중년 남성들의 로망이란 얘기도 있다. 다 한옥의 아름다움과 우리 것에 대한 애정의 표현이라고 생각된다. 실제로 최근 들어 한옥을 짓겠다는 사람들이 부쩍 늘었고, 여기저기에 한옥마을을 조성하겠다는 굵직굵직한 프로젝트도 발표되고 있는 게 현실이다.

전라남도가 '행복마을'이란 이름으로 한옥짓기 사업을 벌써 몇 년 째 벌이고 있는데, 지금까지 수 십 개 마을에 수백 채의 한옥이 들어섰다. 몇 년 전 국회 의원동산에 아주 멋들어진 한옥이 한 채 준공되었는데, '사랑재'라는 이름이 붙여진 국회 영빈관으로 쓰이고 있는 건물이다. 바닥 면적이 백 30평이 넘는, 한옥으로서는 아주 규모가 클 뿐 아니라 기둥이나 도리, 서까래 등 부재도 질이 뛰어나지만 창호나 그 밖의 자재들도 한결같이 우리 전통 한옥의 아름다움을 뽐내고 있다. 국회의사당에 한옥이 들어선 것은 늦은 감이 없지 않지만 잘 된 일이라고 본다.

하지만 아직도 한옥은 일부 애호가나 재력 있는 사람들의 전유물 정도로 치부되는 경향이 없지 않은 것 같다. 북촌의 작은 한옥 한 채 가격이 웬만한 아파트 한 채 값을 넘어선 지 오래고, 한옥을 짓고 싶어도 도대체 얼마만한 비용이 드

한옥의 세계화에는 우리 고유의 독창적인 멋이 그 바탕이 된다. 민족 고유의 독창적인 멋과 맛이 없이는 어느 것도 세계인을 감동시킬 수 없기 때문이다.   조견당 안채 망와 도깨비 얼굴상.

현대인들은 왜 한옥을 원하나

세계 건축사에 있어 하나의 경이(驚異)로 평가받고 있는 한옥이 세계로 나가기 위해서는 몇 가지 선결조건이
있다. 조견당 안채(일부).

는지 알 수가 없어 꿈도 꾸지 못하는 경우도 허다하다. 어디
서 목수를 구하고 어디서 목재를 가져오는지, 다 짓고 난 뒤
에 하자가 발생하면 다시 와서 잘 고쳐주기는 하는 것인지,
보통 사람들로서는 쉽게 접근하기 어려운 장벽이 한옥 앞을
가로막고 있는 것이 현실이다.

새롭게 조명 받고 있는 한옥이 세계적인 건축물로 인정받
고 또, 보편적인 주거형태로 세계로 나가기 위해서는 몇 가
지 선결 조건이 있다고 본다. 그 하나가 한옥의 규격화, 한

옥 설계의 계량화이다. 한옥은 옛날에도 당연히 설계에 의
해 시공된 건축물이었다. 목수가 아무리 능수능란해도 설
계 없이 집을 지을 수는 없다. 하지만 사람들은 한옥은 어
떤 치밀한 설계에 의해 지어지는 집이 아니라, 오로지 목수
의 재량과 역량에 의해 지어지는 집이라는 생각이 있는 것
같다. 그래서 사람들은 이름 있는 목수를 찾고, 그 이름값
으로 턱없는 비용을 지불하는 관행을 되풀이 하는 것이다.
이는 한옥이 규격화, 표준화, 시공의 현대화가 이뤄지지 않
았기 때문에 일어나는 폐단이라고 본다.

한옥의 세계화에는 우리 고유의 문화를 바탕으로 한 멋이 필수적이다. '세상의 진리가 보이지 않으니 밝게
비추고 보아야 한다는 뜻'으로 불교의 반야심경에서 따온 말이다. 조견당 현판.

한옥은 작게도 지을 수 있고, 싸게도 지을 수 있고, 내부를 전통방식이 아닌 현대적 생활방식에 맞게 얼마든지 바꿀 수 있다. 목공기계의 발전과 목재 가공의 현대화로 한옥을 짓는 일은 점점 더 쉬워지고 있는 추세이다. 미리 제재소에서 모든 자재를 가공해 와 그저 조립하는 정도가 한옥을 짓는 과정이래도 틀린 말은 아니다. 옛날처럼 집 짓는 마당에서 모든 것을 재단하고 가공하는 그런 전통방식이 이제는 필요 없게 되었다는 말이다. 그만큼 일이 수월해졌고, 그만큼 공정이 많이 간소화되었다는 얘기다. 한옥 짓기가 정말 쉬워졌는데도 한옥에 대한 고정관념과 편견이 어디에서 기인하는지 한번 유심히 관찰할 필요가 있다고 본다.

또 한 가지, 우리가 한옥을 알리는데 얼마나 노력을 했는지 반성할 필요가 있다. 이것은 개인 차원의 노력이 아니라 국가 차원에서의 노력이 너무 부족했다는 얘기이다. 한옥을 사랑한 스티븐스 전 미국 대사는 서울의 미국 대사관저가 한옥인데 대해 큰 자부심과 행복감을 여러 차례 표현한 적이 있다. 한국에 와서 한옥으로 지어진 관저에 사는 행복감과 한옥이 주는 생활의 즐거움과 삶의 풍요로움을 한국에 부임해 와서 돌아가기까지 가장 기억에 남는 일이라고 기회만 있으면 자랑하곤 했다.

그렇다면 워싱턴의 한국 대사관저나 뉴욕 한인회 같은 건

한옥은 한옥이 가진 여러가지 미덕 가운데 우리 고유 문화와 생활방식을 간직하고 있는 건축물이라는 데 큰 매력적 요소가 있다. 조견당 부엌문(일부)과 툇마루 받침돌.

한옥은 사람의 마음을 움직이는 정서적인 바탕 위에서 만들어진 건축물이다. 그렇기 때문에 사람들은 한옥의 매력에 빠지게 되고 한옥의 매니아가 되는 것이다. 조견당 지붕 위에 핀 와송(위)과 찻상(아래). 도시생활에서 우리가 늘 그리워하는 대상이다.

물은, 한국 사람들이 많이 사는 LA의 한국문화원 건물도 한옥으로 지으면 얼마나 좋을까. 우리 것을 알리는데 한옥만한 소재가 없다고 본다. 또 한옥을 외국에다 짓는 일도 그리 어려운 일이 아니다. 이미 미국이나 프랑스, 네덜란드 같은 나라에 한옥을 시공한 경험이 있다. 적어도 우리나라를 알리는, 우리문화를 알리는 공간은 이제는 한옥으로 짓고 그곳에서 우리 것을 알리는 노력이 필요한 시점이다. 이제 우리의 경제력이나 국력이면 해외 중요 국가에 우리 고유의 건축물인 한옥을 지어도 될 만하지 않은가.

이제 단순히 우리 한옥을 보존하고 아끼는 차원에서 한걸음 더 나아가, 이를 세계에 알리고 우리 문화의 빼어난 독창성과 아름다움을 과시할 수 있는 시기가 무르익었다고 본다. 정부는 해외 공관이나 우리 문화를 알리는 해외문화원을 우리 한옥으로 짓는 것에 대해 진지하게 검토해 주길 바란다. 해외에 살고 있는 우리 국민들의 자부심이 더욱 커질 것이다. 뿐만 아니라 우리문화에 대한 외국인들의 관심도 높이고 결과적으로 우리나라를 찾게 하는 관광 마케팅의 하나도 될 수 있는, 일석삼조의 효과를 가져 올 것이기 때문이다.

셋.
진짜 한옥과
사이비 한옥

한옥에 진짜와 가짜가 있느냐고 묻는다면, 단연코 그렇다고 해야 할 것 같다. 왜냐하면 모양은 그럴싸하게 한옥의 모양을 띠고 있지만, 요모조모 뜯어보면 말이 한옥이지 정말로 한옥이 아닌 사이비 한옥임이 드러나는 경우가 허다하기 때문이다.

그렇다면 무엇이 한옥이고 무엇이 아닌가. 진짜 한옥의 조건은 무엇인가. 한옥의 기본조건은 나무이다. 목재를 세워 골격을 만드는 일이 한옥의 시작이다. 골격을 세우기 전에 초석을 놓아야 한다. 주초(柱礎)를 놓는 일부터 시작이다. 아니, 주초를 놓기 전에 자리를 잡아야 한다. 자리를 잡는 것 보다 더 중요한 일은 없을 정도로 양택(陽宅)은 집 짓는 일에 있어 핵심 사항이다.

우리 조상들이 일생 동안 열정과 재산, 학문의 모든 성과를 바친 것이 무엇이냐고 묻는다면, 그것은 '양택'과 '음택(陰宅)'이라 해도 지나친 말은 아닐 것이다. 잘 아는 바대로 양택은 집터를 잡는 것이요, 음택은 묫자리를 잡는 것을 말한다. 우리 조상들은 어떤 행위를 하기 전에 그 행위를 하는 데 가장 적합한 '자리'를 잡는데 열과 성을 다했다. 자리가 그만큼 중요한 것이라고 생각했다.

초석을 놓기 전에 이미 그 자리에 대한 탐구와 논쟁, 그리고

진짜 한옥은 건물이 완성된 뒤 스스로 완결된 작품임을 드러낸다. 한옥이 가진 수많은 미덕들이 총체적으로, 유기적으로 잘 조화를 이룬 완성품은 하나의 완결된 예술품으로 손색이 없다. 임청각 안채 일부.

현대인들은 왜 한옥을 원하나

안동 군자마을에 가면 진짜 한옥을 감상할 수 있는 즐거움을 만끽할 수 있다. 지붕의 아름다운 곡선이 주변의 자연과 조화를 이루는 합일의 경지가 장인의 솜씨를 가늠케 해 준다.

장단점에 대한 분석이 끝나 있었던 것이다. 자리는 방위와도 밀접한 관계를 갖고 있는데, 춘하추동 사계절의 기후와 계절에 따른 햇빛의 각도, 바람의 방향, 심지어 습기의 정도까지 살필 수 있는 것은 다 살피고 집을 지었다. 이것이 흔히 말하는 풍수(風水)인데, 풍수는 단순히 보이는 것만 판단하는 것이 아니라 보이지 않는 곳까지, 예를 들면 땅속 지형에 대한 매우 정확한 지식과 안목, 그리고 상상력을 필요로 하는 종합적인 인문학의 결정판이라 해도 크게 지나치지 않는다.

초석 위에 기둥을 세우고, 도리와 보를 결구하고, 서까래를 얹고, 기와를 씌우고 벽체를 세우고 문선도리에 창호를 끼우고 도배와 장판을 하면 한옥은 완성된다. 완성된 한옥을 바라보면 이 집이 제대로 지었는지 그렇지 않은지는 금방 드러난다. 자재를 제대로 썼는가, 기둥과 도리, 추녀와 회첨 등 중요 부재의 크기와 비율이 균형이 잡혀있는가, 벽체의 마감은 회벽인가 흙벽인가, 등 등 따져볼 일이 한두 가지가 아니다.

지붕선과 처마선의 완만한 곡선은 웬만한 목수는 흉내 내기 조차 어려운 경지에서 나오는 최고의 성과물이다. 윤증고택 사랑채.

하지만 이것이 한옥에 있어 중요한 판단의 재료는 될 수 있을지 몰라도 결정적인 것은 아니다. 그럼 무엇이 한옥을 결정짓는 가장 중요한 요소인가. 그것은 '선(線)'이다. 선이 없는 한옥은 한옥이 아니다, 이렇게 말해도 틀리지 않다. 물론 어느 집이라도 다 선은 있다. 그러나 그 선이 정말로 한옥의 고유한 선이냐 그렇지 않느냐가 바로 한옥의 품격과 질을 판단하는 가장 중요한 준거가 된다고 본다.

한옥의 선은 다양하다. 우선 직선에 가까운 선이 지붕처마

진짜 한옥에는 선이 있다. 너무 가볍지도, 그리 무겁지도 않은 경계에 이 선의 오묘한 맛이 있다. 윤증고택 안채 처마선.

에 있고, 추녀쪽에 가까울수록 곡선으로 조금씩 올라가는 데, 이 선이 너무 들리면 경박스럽고 들림이 적으면 전체적으로 무거운 느낌을 준다. 너무 가볍지도 그리 무겁지도 않은 경계에 이 선의 오묘한 맛이 있다. 또 용마루의 선도 한옥의 선을 이루는 중요한 선이다. 거의 직선에 가깝지만 자세히 관찰해보면 직선이 아니라 약간의 곡선을 갖고 있음을 알 수 있다. 양쪽에서 팽팽히 줄을 당기지만 중간쯤에서는 중력 때문에 어쩔 수 없이 아래로 처지는 자연스런 곡선이랄까, 그런 선이 용마루에는 존재하는 것이다.

진짜 한옥이 가지고 있는 특징과 장점은 이루 헤아릴 수 없지만 선과 면의 조화로운 구성과 이를 둘러싸고 있는 주변 환경과의 넉넉한 어울림은 화룡점정의 경지라고 할 수 있다. 파평 윤씨 집안의 종학당 외경과 내부.

그렇다면 이 선은 어떻게 만들어지는 것일까? 이 선은 목수의 기억에 의존한 어떤 감각의 발현이라고 생각한다. 목수가 한옥을 지으면서 나름대로 터득한 선에 대한 기억을 자기가 짓고 있는 집에 그대로 투영한 결과가 한옥의 선이라고 본다. 목수마다 자기가 생각하고 기억하는 선이 다르기 때문에 집집마다 선이 다른 건 너무나 당연한 이치가 아닌가. 그렇다면 모든 한옥의 선은 다 정당하고, 다 좋고, 무엇이나 용인될 수 있는 것인가.

세상에 존재하는 형이상학적인 가치는 언제나 상상력이 그 뿌리이다. 과거의 가장 아름답고 완성도가 극치에 이르렀던 어떤 장인의 어느 건축물이 누구에게나 항상 실체적 감동으로 살아 있음을, 또 많은 이들이 여기에 동의하고 찬사를 아끼지 않는 것은 무엇을 말함인가. 말로 하지 않아도, 기둥에 서까래에 자를 대보지 않아도, 척 보면 답이 나오는 건축물을 우리는 알고 있다. 내 안에 존재하는 이전의 경험이, 축적된 어떤 판단의 준거와 상상력이 어떤 장인의 작품을 마주하는 순간, 살아 꿈틀거리는 찬사와 찬미의 에너지로 분출되는 합일의 순간이 엄연히 경험적으로 존재하기 때문이다. 진정한 장인은 이런 경험을 스스로 체득해 언제나 최고의 선을 구현해 내는 사람이다.

고택의
정신과 철학

名品古宅 名品講義

우리민족은 예로부터 '자리'에 큰 관심을 갖고 살아왔다. '살아서는 어디에 집을 짓고 살아야 자손이 번창할까, 또 죽어서는 어디에 묻혀야 자손들에게 복을 줄 수 있을까' 이것이 초미의 관심사였다. 살아서 집을 짓고 사는 자리를 '양택'이라 해서 풍수해가 적고 밝고 맑은 자리를 선호했으며, 죽어서 묻힐 자리는 '음택'이라 해서 땅속 지형과 방위에 더 관심을 기울였다. 이렇듯 '자리'는 우리의 삶과 직결된 것이기 때문에 우리 어른들에게는 생사의 문제가 걸릴 만큼 중차대한 문제였고, 그에 따른 비용 또한 만만치 않았다.

조견당은 강원도 영월군 주천면에 있는 2백 년 가량 된 고택이다. 조선 순조 27년(1827년)에 상량을 올렸고, 7대째 물려 내려오는 집이다. 그런데 조견당이 집터로 자리 잡은 곳은 주천강가의 모래사장이나 다름없는 땅이어서 당시나 지금으로서도 도무지 양택의 조건으로는 결코 선호할 수 있는 자리는 아니었다.

조견당이 지어지던 1800년대 초 조선은 역사적으로 매우 어려운 시기였다. 조선이라는 나라가 국가의 기능을 거의 상실한 시기였다. 지방에는 도적떼나 다름없는 유민들이 이리저리 먹을 것을 찾아 떠돌아다니고, 만주와 잇닿은 국경 지역에서는 압록강이나 두만강을 건너가 중국 사람들의 노예나 다름없는 생활을 하기도 했다. 관리들은 가렴주구를

용 도광7년 정해초삼월삼일 자시입주상량간좌곤향 구(龍 道光七年丁亥初三月三日 子時立柱上樑艮坐坤向 龜)
정해년(서기 1827년, 도광은 청나라 연호) 3월 3일에 상량을 올렸다는 글씨가 조견당 안채 종도리에 쓰여
있다.

고택의 정신과 철학

조선 후기 1800년대, 국가가 국가의 기능을 거의 상실한 시기 조견당 어른들은 주천강가에 집을 짓기 시작했다. 당시 건축물로는 유일하게 남은 조견당 안채.

서슴지 않았고 백성들의 삶은 도탄에 빠져 도무지 희망이 없는 하루하루를 보내고 있던 때였다.

조견당의 주인들은 대략 숙종 연간에 당쟁을 피해 강원도 원주 땅으로 몸을 피해 온 사람들이었다. 처음에는 원주와 충주 어간에 있는 '귀래'라는 마을에 임시로 둥지를 틀었다. 귀래라는 동네는 워낙 밭은 산촌인데다가 자식들을 놓아기르기에도 옹색한 작은 마을이었다. 이 가근방에 어디에 가면 살만한 곳이 있겠느냐고 조견당 어른들은 탐문하였다.

어려운 시기에 지어진 건물이지만 굴도리 양식에 웅장한 대들보와 섬세한 가구의 짜임새는 이 집이 오랜 시간 정성껏 지어진 당대 최고 목수의 걸작품임을 입증하는데 부족함이 없다. 조견당 안채(부분).

멀리 허옇게 눈을 쓰고 있는 치악산을 가리키며 누군가 말했다. 저 치악산을 따라 동쪽으로 가면 치악산이 끝나는 동네가 있는데 거기가 아마 '주천'이라는 마을이라지... 거기가 옛 부터 사람이 살만한 동네라는 걸 듣긴 들었는데...

이미 양반의 신분은 헌신짝처럼 버렸고 생활조차 궁벽하기 이를 데 없어 삶과 죽음의 경계에서 절박한 선택을 해야 했던 조견당 어른들에게는 '주천'이라는 말이 마치 '희망'이라는 말과 동의어처럼 들렸다. 조견당 남정네들은 한겨울 치악

귀래에 임시 머물던 조견당 사람들은 주천이 천하명당이라는 이야길 듣고 서둘러 이곳으로 이주했다. 치악산 동쪽 끝자락이라고 일컫는 망산 정수리에 서 있는 빙허루의 모습. 이 산 아래에는 주천(酒泉)이라는 지명이 유래한 전설의 샘이 있다.

산에 올라 동쪽으로 동쪽으로 한 길이나 되는 눈길을 뚫고 나아갔다. '주천이 희망'이고 '희망이 주천'이었기 때문에 눈보라와 살을 에는 추위는 문제가 아니었다.

그렇게 조견당 주인들은 치악산 동쪽 끝자락인 '망산' 건너편 강가에 자릴 잡았고 한강 뱃길의 거의 마지막 종착지인 주천 나루터에서 장사를 하기 시작했다. 명색이 양반인데 처음에는 장사도 쉽지 않았다. 하지만 강원도 남쪽 내륙 깊숙히 자리 잡은 주천에 귀한 것이 있었으니 그것은 소금과

조견당 반대편에서 바라본 망산과 빙허루.

새우젓, 그리고 항아리였다. 소금은 동서고금을 막론하고 화폐로 대신 쓰일 정도로 물물교환에는 하나의 척도가 되는 상품이었다. 새우젓도 내륙지방에선 만나기 쉽지 않고, 장을 담거나 곡식을 저장하는 다양한 모양의 독들도 이 지방에서 나는 것이 아니기 때문에 귀한 물건이었다. 인근 장사꾼들은 결재 수단으로 목재와 약재, 그리고 잡곡류를 가지고 와서 소금과 새우젓, 항아리로 바꿔가지고 갔다.

장사는 환금이 중요하다. 물건에 돈을 집어넣고 마냥 기다

주천 강가에 있는 이 탑은 조견당 사람들이 이곳에 정착하기 훨씬 전부터 이곳을 지키는 수호신 역할을 했다. 고려초의 것으로 추정되는 주천 삼층석탑(강원도 문화재자료 제28호).

리다가는 죽도 밥도 안 된다. 물건을 갖고 온 장사꾼들은 어서 물건을 팔고 가야하기 때문에 시일이 촉박하면 물건 값이 내려가기 마련, 하지만 마당 주인은 급할 게 없다. 또 워낙 필수품인 소금이나 젓갈류, 항아리를 거래하기 위해 미리 조견당 마당에 황장목을 쌓아두거나, 진기한 약재며 강원도 산골에서만 나는 귀리며 메밀, 수수, 콩, 좁쌀 등을 갖다두고 어서 물건이 올라오기만을 기다리는 인근 장사꾼들도 부지기수. 조견당 주인은 결국 이 두 가지를 모두 확보하고 양쪽으로 이문을 붙여 장사로 크게 일어서게 된다.

주천 삼층석탑(부분)

몇 대가 지나면서 착실히 부를 축적해 세상에 남부러울 것 없었지만 조견당 주인에게 남모를 고민이 하나 생겼다. 주천에 자리 잡은 지도 백 년이 넘었고 그동안 상업으로 엄청난 재물을 모았지만 조견당 남정네들을 괴롭히는 것이 있었다. 다시 고개를 쳐드는 양반이란 신분과, 이제는 까맣게 오래 전의 이야기긴 하지만 한양에서의 권문세가로서의 어떤 위풍당당함에 대한 그리움이랄까, 향수랄까, 뭐라고 딱 한마디로 설명할 수는 없지만 아무튼 그런 무엇인가가 자꾸 뇌리를 어지럽히곤 했다. 주천에서 계속 이렇게 돈을 쌓으며 살

조견당 사람들이 이곳에 자리잡게 된 이유는 명확하지는 않지만 시대적으로 당쟁의 여파가 아닌가 추측할 수 있다. 숙종 연간에 한양을 떠나 이곳에 자리 잡은 조견당 어른들은 당쟁을 피해 이곳으로 이주해 온 것으

로 전해진다. 우암 송시열이 쓴 것으로 알려진 강원도 고성 청간정 현판.

조견당에는 수령 5백년을 자랑하는 밤나무가 있다. 애석하게도 몇 년 전 수명을 다했지만 국내에서 가장 크고 오래된 밤나무로 기록되었다.

것인가, 아니면 다시 권토중래, 도성을 떠나올 때의 절치부심, 권력과 야망에 다시 도전할 것인가. 결론은 주천에 머물기로 했다. 할머니들이 밥도 차려주지 않으며 앞을 막아선 때문이었다. 지극히 현실적인 판단을 한 것이다.

집터에 대한 일은 어렵지 않게 정리되었다. 주천에서 상식적인 명당은 주천초등학교나 중, 고등학교 자리가 될 것이다. 학교 주변은 배산임수의 형국이어서 그런대로 집터로는 괜찮은 점수를 줄 수 있다. 하지만 조견당 사람들에게는 이미

조견당이 자리 잡은 주천강가는 어쩌면 양택의 조건으로는 그리 선호할만한 곳은 아니다. 하지만 이미 터를 잡고 부를 쌓은 이 자리를 쉽게 떠날 수는 없었다.   조견당 앞 굽은 소나무.

터를 잡고 부를 축적한 강가의 자리를 떠날 수 없었다. 조견당 사람들에게는 희망이요 은혜의 자리가 아니었던가. 또 주변에 이미 상당한 규모로 확보한 농토를 관리하는 데는 그만한 자리가 없었다. 무엇보다 물길이 도로 역할을 했던 당시에는 요즘 말로 역세권인 주천강가를 떠나는 것은 스스로 불편함을 자초하는 것이나 다름없었다.

하지만 문제가 생겼다. 집을 짓기 시작하면서 하나 둘씩 모여들기 시작하던 사람들이 급기야 주천강변 선착장 주변을

사람들은 주천강가에 김부잣집이 집을 짓는다는 소문을 듣고 구름처럼 모여들었다. 배고픈 그들에게는 그 길로 주천으로 가야할 이유가 생긴 것이다.   조견당 주변 주초석.

하얗게 덮을 정도로 몰려든 것이다. 주천강가의 김 부잣집이 집을 짓는다는 소문이 삽시간에 인근 지역으로 퍼져나가면서 너도 나도 앞을 다투어 찾아온 것이다. 이미 부자로 소문이 자자한 주천의 김씨네가 집을 짓는다는 소문을 듣자마자 사람들에게는 생각이고 뭐고 할 것 없이 그 길로 주천으로 가야할 이유가 생긴 것이다.

주천강 선착장은 거대한 난민수용소로 변해갔다. 3년에 40여 칸의 집을 짓겠다던 계획은 수정될 수밖에 없었다. 아니수정되어야 마땅했다. 당장 밥 한 숟갈, 죽 한 그릇이 아쉬운 사람들에게 '이젠 집을 다 지었으니 다들 돌아가세요', 그렇게 말하기는 참으로 어려웠을 것이다. 이곳을 떠난다는 것은 그들에게는 다시 굶주림의 길로 접어드는 것이나 다를 바가 없었다. 조견당 사람들은 일단 재원이 허락하는 데까지 집을 더 짓기로 결정했다. 집은 이만해도 충분했지만 조견당 일꾼을 자청하고 모여든 사람들 때문에 집은 자꾸 자꾸 늘어나게 되었다.

당초 3년에 40칸 정도로 계획했던 집이 9년에 백 20칸으로 늘어났다. 청나라 연호 도광(道光)7년, 조선 순조27(1827)년에 그 대단원의 막이 내려졌다. 조견당 사람들은 그동안 집을 짓느라 고생했던 사람들에게 거꾸로 사정을 해야 했다. 이젠 정말 돈이 없다고. 실제로 조견당에는 아무 것도 남아있지 않았다. 10년 가까이 수 백 명의 사람들과 집을 짓느라 남은 재원이 바닥이 난 것이다. 사람들은 모두 돌아갔고 조견당 사람들은 다시 생업을 이어나갔다. 한강 하구에서 올라온 소금과 새우젓, 경기도 여주, 이천, 광주에서 올라온 독을 받아두었다가 목재와 약재, 그리고 잡곡을 바꾸는 예의 물물교환 형식의 장사는 구한말까지 이어졌다.

둘.
고택의
정신과 철학

어느 시대에 지어진 집이건 그 집에는 나름대로의 철학과 정신이 있게 마련이다. 집이란 단순한 공간이 아니다. 집이란 단순히 목재를 짜 맞추고 벽체를 만들고 지붕을 덮는 그 이상의 무엇이기 때문이다. 집을 그저 단순히 생각하면 비바람을 피하는 공간이라고 할 수도 있을 것이다. 햇빛을 가리고 추위를 막아주는 곳이라고도 생각할 수 있다. 하지만 그것이 단순한 원시시대의 움집이나 시늉만 집이었던 때라면 모르되, 적어도 우리나라의 한옥이라면 얘기는 사뭇 달라진다.

한옥은 아무나 지을 수 있는 집이 아니다. 우선 목재가 귀하다. 한옥을 짓는 목재는 거의가 소나무인데 소나무는 자라기도 더디 자랄 뿐 아니라, 한옥을 짓는 거의 유일한 목재이기 때문에 언제나 귀했고, 따라서 가격도 만만찮은 게 현실이다. 한옥은 솜씨 좋은 목수를 필두로 각 분야별로 기능이 완벽한 사람들의 공동작업의 산물이다. 한옥의 기본적인 선과 면과 전체적인 균형과 틀은 목수가 좌우하는데, 한옥의 고유한 선을 체득한 고도로 숙련된 사람이 아니면 곤란하다.

그렇다면 이처럼 집을 짓는 기능적인 과정도 지난한 공정을 하나하나 풀어가고 해결해가고 완성해가는 어려움이 점철된 역정의 연속인데, 어떻게 여기에 철학과 정신이 개입될

古宅의 정신과 철학은 학문과 수양의 오랜 수련의 바탕 위에서 꽃 피울 수 있다. 한 가문도 오랜 역경과 질곡의 역사 속에서 이를 극복한 기적의 순간을 맞이하게 되고 그 결과 고택의 주인이 되는 행복한 순간을 맞이하게 되는 것이다. 조견당 주인의 문방사우와 부채.

고택의 정신과 철학

조견당 동쪽 벽면에 조형된 화방벽은 한옥 건축사에 길이 남을 의미있는 성과물이다. 다섯 가지 채색 돌로
쌓아 올린 후, 와편과 둥근 돌로 천지인, 해달별을 상징적으로 그려 넣은 독창적이면서도 우주에 대한 탁월

한 해석의 결과물로 평가되어진다. 우리나라에서 민가의 벽면에 화방벽이 조형된 예는 극히 드물고, 이처럼 완벽하게 보존된 경우는 조견당이 거의 유일하다고 볼 수 있다.

화방벽은 지붕 동쪽의 합각과 잘 조화를 이루고 있다. 지붕 위가 음양의 조화를 상징하는 것이라면 아래의
화방벽은 오행을 나타내므로 결과적으로 음양오행을 한 건축물 안에서 구현하는 셈이 된 것이다.

여지가 있는가 하고 반문할 수도 있을 것이다. 또, 당대의
목수를 비롯한 기능 인력들이 어느 정도의 철학과 학식을
갖춘 사람들이었는가 하는 의문을 제기할 수도 있을 것이
다. 그렇다면 고택에 반영된 철학과 정신의 투영은 어떤 과
정을 통해 어떻게 구현된 것일까.

조견당 안채의 팔작지붕에는 세 개의 합각이 있다. 그 중
동쪽에는 해가 조형돼 있는데, 해 주위에 햇살까지 정교하
게 표현해 놓아 누가 보아도 동쪽임을 알리는 것으로 이해

화방벽(花芳壁)은 꽃처럼 예쁜 벽이라는 뜻이다. 흑, 백, 황, 적, 청, 다섯 가지 색깔의 돌을 다듬어 정갈하게 쌓아올린 이 벽은 민가에서는 쉽게 보기 어려운, 이 집을 지은 사람의 학문과 철학, 우주관을 보여주는 독창적인 조형물이다.

할 수 있다. 서쪽 합각에는 달을 만들어 놓았는데 달 주위에 햇살이 없고 수수한 모양이 흡사 둥근 달을 보는 것 같다. 북쪽에는 달과 같이 아무 것도 없는 둥근 돌로 표현해 놓았는데 이는 별이라고 본다. 왜냐하면 해와 달에는 사괴석으로 두 단을 쌓은데 비해 여기에는 유독 석 단으로 사괴석을 쌓았기 때문이다. 다시 말하면, 조견당 안채 지붕 위 동쪽에는 해가, 서쪽에는 달이, 북쪽에는 별이 각각 조형돼 있는데, 이는 우주 운행의 법칙인 음과 양을 이렇게 상징적으로 만들어 놓은 것이다.

106

조견당의 철학과 정신은 이 자리에서 내리 10대를 살아오면서 면면히 이어오고 있다. 매년 6월에 열리는 〈보릿고개 음식〉 행사며 〈가을맞이 음악회〉 등 수시로 열리는 크고 작은 행사는 조견당의 이러한 철학과 정신을

반영하고 있다. 인간은 시간 속에 묻혀가지만 고택은 살아 숨쉬며 문화와 정신을 품고 시대를 관통하는 증거로서 꿋꿋이 제 자리를 지키고 있다.   저녁 무렵의 조견당 하늘.

자연이 만든 우연의 산물이 고택의 운치와 아름다움의 정수로 자리잡을 때, 고택은 오래도록 그리움의 파장으로 우리에게 다가온다.   바위에 핀 와송.

조견당 동쪽 벽, 그러니까 해가 조형돼 있는 팔작지붕 바로 아래에는 재미있는 벽이 만들어져 있는데 이를 '화방벽(花芳壁)'이라고 부른다. 화방벽은 우선 보기에 꽃처럼 예쁘다는 뜻으로 붙인 이름인데, 사실 이 벽은 보면 볼수록 아름다운 매력이 있다. 우선 여기에 쓰인 돌들이 각자 색깔을 가진 채색돌이라는 점이다. 가만히 색깔을 분류해보면 모두 다섯 가지의 색으로 이루어져 있는데 흑, 백, 황, 적, 청 이렇게 다섯 가지 색이다. 이들은 모두 자연상태에서 채집된 돌이어서 새뜻한 원색을 띠진 않았지만 은은한 파스텔 톤으로 매우 모던하고 장식적인 묘를 보여주는 아주 흥미로운 벽이다. 이 다섯 가지 색깔은 동, 서, 남, 북, 가운데, 다섯 군데의 방위를 나타내는 색, 즉 5방색이다. 이 5방색은 동서남북 가운데 모든 방위를 상징하지만 단순히 방위를 나타내는 것이 아니라 이는 각기 목, 화, 토, 금, 수 오행의 원리를 상징하고 있는 것으로 풀이된다.

과거는 과시5체라 해서 반드시 시(詩)와 부(賦), 책(策) 등 다섯 가지 서술방식으로 치러졌는데 시와 산문, 어떤 사안

사상과 정신, 철학은 문화로서 꽃피우는 속성을 가진다. 문화야말로 시대와 역사, 인종과 종교를 뛰어 넘는 소통의 매개체로서 최상위의 가치이기 때문이다. 가을날의 조견당.

고택에는 바쁜 도시인들이 잊고 지내온 시간의 흔적이 있다. 매년 피어나는 푸른 이끼와 시절이 가을임을 알리는 가냘픈 맨드라미. 조견당 마당.

에 대한 방책들을 서술하는 글을 직접 자신의 필체로 작성하도록 돼 있어 웬만큼 학문을 습득하지 않으면 과거시험에 도전하기조차 어려웠던 게 당시 상황이었다. 플라톤이 '철인정치'를 운위하면서 '부패한 공무원들에게 국가를 맡기느니 차라리 철학자들이 정치를 하는 게 낫다'고 했던 말을 일부 차용하자면, 조선이라는 나라는 공무원을 시와 철학을 통해 선발했으니 조선이야말로 지구상에서 철인정치를 구현했던 유일한 나라가 아니었을까. 조선의 관료는 시인이자 학자였으며, 어떤 이는 더 나아가 우주생성의 원리에도 조예가

깊은 철학자이자 사상가이기도 했던 것이다. 퇴계 이황이 그러했고 율곡 이이도 마찬가지이다. 하물며 무인인 이순신 장군도 훌륭한 시를 남기지 않았던가.

결국 사대부 가문의 자제로 태어나 시문에 힘쓰다 보면 학문에 대한 조예와 음양오행 사상에 대한 철학적 사유의 결과는 언제고 조선시대 사대부의 삶 언저리에 녹아있었을 것이고, 그것이 가문과 한 집안의 자랑이자 자존심인 주택에 반영되는 것은 지극히 자연스러운 일이었을 것이다.

셋.
고택의 인문학적 연관성 혹은,
상호성

고택은 '오래된 집'이라는 뜻이다. 고택이 묵은 집, 오래된 집으로 남아있으려면 고택이 그 자리에 그토록 오랜 세월을 견디고, 버티고, 지탱해온 나름대로의 이유가 있을 것이다. 우선 구조적으로 완벽해야 오래 갈 것이다. 모든 건축물의 기본이자 기초인 수직과 수평을 맞추지 못했다면 그 집은 오래가지 못할 것이다. 기울어진 집, 한쪽으로 실린 집, 높낮이가 다른 집이 오래 못가는 것은 너무나 당연하다.

집이 오래 가려면 건축적인, 기능적인 문제 보다도 집을 둘러싼 시대와 역사적 상호작용과 사람들과의 관계가 더욱 중요하다고 볼 수 있다. 임진란 때 궁궐의 수많은 전각이 불에 탔고, 수 백 년 내려온 사찰이 무자비하게 소실됐으며, 주택들은 또 얼마나 많이 훼손되고 복원이 불가능할 정도로 무너졌는지 이루 헤아리기 어려울 것이다. 동학란 때도 그랬고, 좌익이 횡행하던 해방 후에 지리산 자락의 고택들도 무참하게 불탔으며, 6.25전쟁 때의 참화는 이루 다 필설로 표현하기조차 힘들 정도이다. 새마을 운동으로 지붕개량사업을 한답시고 멀쩡한 지붕을 다 걷어내고 슬레이트로 갈아 덮던 때가 불과 얼마 전 일이다.

안동시 낙동강 가에 '임청각'이라는 집이 있다. 낙동강을 바라보는 자리에 위치한 이 집은 우리 근세사의 영욕이 그대로 투영돼 있는 유서 깊은 집이다. 1910년 일제가 우리의 국

조선 중종때 지어진 임청각에는 군자정이라는 고려후기 양식의 독특한 건물이 있다. 저자가 방문했을 때는
한창 복원공사가 진행되고 있었다. 공사를 하면서 상해 임시정부 초대 국무령을 지낸 석주 이상룡 선생의 집

이라는 것과, 식민지 시대 중앙선 철도 부설로 건축물이 많이 훼손되었다는 것을 천막에 써서 걸어 놓은 것이 인상적이다.

나라를 찾기 위해 개인의 일신을 돌보지 않고 모든 것을 희생했던 조상들의 정신력으로 우리는 지금, 여기에,
이렇게 존재하고 있는 것이다.   안동 임청각.

권을 침탈하자 이 집의 주인이자 고성이씨 종손이었던 석
주 이상룡 선생은 번민의 나날을 보낸 끝에 안동지역 유생
들을 모아놓고 자신의 뜻을 밝힌다. '이제 일본인의 세상이
되었다. 당장 국권을 회복할 수 있을지는 모르겠으나, 독립
의 씨앗이라도 뿌려야하지 않겠는가' 숙연해진 좌중을 향
해 석주는, '나는 간도로 건너가 독립운동을 하려하네. 자네
들 가운데 내 뜻을 따를 사람이 있다면 함께 가서 독립운
동을 하세.' 이렇게 말하고는 임청각을 정리하고 아들과 손
자까지 대동하고 간도를 향해 역사적인 첫 발을 내딛게 된

석주 이상룡 선생이 독립운동에 헌신하기 위해 집과 전답을 모두 팔고 떠난 임청각. 선생은 이후에도 주변 일가에서 돈을 모아 매입해 놓은 이 집을 두 차례나 더 팔아가 군자금으로 썼다고 한다. 임청각 대문에 이곳이 이상룡 선생의 생가임을 알리는 현판이 걸려 있다.

다. 이 때 안동지역 유생 50여 가구가 석주 선생과 생사를 같이하기로 하고 남부여대, 고난과 역경의 시련으로 점철된 땅으로 자신들을 던지게 된다. 석주 선생은 이후 독립군을 양성하는데 군자금이 모자라면 다시 안동으로 몰래 들어와 인근 집안들이 '종갓집을 남에게 넘겨서야 되겠느냐'며 돈을 모아 다시 매입한 임청각을 다시 팔아가곤 하는 일을 두 번이나 더 했다고 한다. 석주 선생은 일제가 만주를 점령하고 간도지방을 무대로 하는 독립운동이 여의치 않자 독립운동의 근거지를 상해로 옮기고 초대 국무령이 되어 죽는 순간

임청각 근처에는 국보 16호로 지정된 탑동전탑, 공식명칭은 〈안동신세동7층전탑〉이 있는데, 식민지 시대 일
본 사람들이 눈에 가시였던 석주 이상룡 선생의 집을 훼손하기 위해 일부러 중앙선 철도를 이쪽으로 부설하

는 바람에 이 탑도 먼지와 진동으로 임청각과 같은 곤경에 처하게 되었다. 해방된지 80년을 바라보지만 여전히 임청각과 우리나라 국보는 능욕을 당하고 있다.

임청각 자손들은 자신들이 석주 이상룡 선생의 후손인지도 모르고 유년시절을 보냈다. 물지게 초롱에 석유를 담아 안동 주변 시골마을을 돌면서 됫박 석유장사로 고학을 했다고 한다. 임청각 안채(일부).

까지 조국의 독립을 위해 필사의 노력을 다했다.

하지만 지금도 낙동강과 임청각 사이, 임청각 행랑이 있던 자리에는 일제에 의해 놓인 중앙선 철길이 그대로 있고, 일본 제국주의자들에게는 눈의 가시였던 석주 선생의 집은 그들의 바람대로 여전히 철가루를 뒤집어쓰고 있다. 임청각 지붕은 그래서 철가루가 날려 와 언제나 벌겋게 산화한 채 붉은 빛을 띠고 있다.

지리산 자락에 위치한 운조루. 문화 류씨 집안으로 영조 때 '박호장군'의 칭호를 받은 류이주 선생이 지은 아름다운 집이다.

지리산 자락에 얼마 남아있지 않은 고택 중에서 '운조루'라는 집이 있다. 문화 류씨 집안으로 영조 때 '박호장군'의 칭호를 받은 류이주 선생이 지은 아름다운 집이다. 해방 후 사상적으로 복잡하던 시대에, 남쪽의 좌익들이 공권력을 능가하던 그 때 지리산으로 숨어든 공비들에게는 고택과 고택의 주인들은 복수의 대상이자 없애버려야 할 공적으로 부각되었다. 하지만 구례, 남원, 산청 등 지리산 자락의 하고 많은 고택들이 공비들의 무자비한 방화와 약탈에 속수무책으로 넘어갈 때에도 운조루는 그 와중에서 살아남았다. 운

운조루 스토리의 한 가운데 있는 쌀통. 타인능해(他人能解)라고 써 놓아 누구라도 이 문을 열고 쌀을 가져갈 수 있게 해 놓았다.

조루에는 쌀통이 있었기 때문이다.

거대한 나무등치를 잘라 그 속을 깎아 내 독처럼 만든 거대한 쌀통인데 이 쌀통이 운조루를 살린 것이다. 운조루 주인은 인근에 흉년이 들면 이 쌀통에 곡식을 그득 채우고 사방 30리 안에 배곯는 사람이 없도록 하라고 엄명을 내렸다. 그 통에는 한문으로 '누구도 가져갈 수 있다'는 뜻인 '타인능해(他人能解)'라고 써 붙여 놓았는데, 없는 사람도 자존심이 있는지라 주인이 보이지 않는 곳에 그 통을 놓아두었다

운조루 집터는 예로부터 금환낙지(金環落地), 금구몰니(金龜沒泥), 오보교취(伍寶交聚)라는 최고의 찬사를 받았다. 우리나라에서 집 자리로 이만한 찬사를 받은 집은 더 없을 것이다.

고 한다. 지리산 공비들이 운조루에 불을 지르러 내려왔지만 운조루의 곡식으로 연명했던 어린 시절의 기억을 간직하고 있던 공비 지도자가 고민 끝에 다시 발길을 돌림으로써 운조루는 살아남을 수 있게 되었다.

넷.
고택의
건축적인 기능미에 대하여

흔히 고택을 '아름답다'라고 할 때 사람들은 고택의 건축적인 외양만을 보고 그렇게 이야기하는 경우가 많다. 한옥에는 실제로 건축적인 아름다움을 느낄 수 있는 부분들이 적지 않다. 하물며 한옥에 세월이 덕지덕지 쌓이고, 지나간 시간의 흔적이 만들어 놓은 퇴색된, 퇴락한 고택의 풍경 자체로도 어떤 비장한 미감을 불러일으키기에 충분할 것이다.

가옥의 배치 자체가 주는 안정감이나, 각기 건물이 전체적인 조화 속에서 어떤 기능을 수행하는가를 눈여겨보면 그것도 재미있을 것이다. 안채는 안주인이 기거하며 안살림을 하는 곳이다. 행랑은 안채에 있는 안주인의 일을 도와주는 사람들이 머무는 공간이다. 사랑채는 바깥어른의 공간이다. 종갓집일 경우 사당이 있는데 이는 돌아가신 조상들의 혼백을 모시는 장소이다. 기본적으로 안채, 사랑채, 행랑, 사당, 이렇게 네 가지 기능을 수행할 수 있는 개별적인 건물을 가진 집이라면 흔히 종가 또는 반가라 불리는 사대부 집으로 크게 손색이 없다.

어떤 규정된 순서가 있는 것은 아니지만, 먼저 안채가 자리 잡으면 안채 앞에는 대문을 두게 되는데 대문간 양쪽으로 두서너 칸을 붙여 행랑채를 완성하게 된다. 문제는 사랑채의 자리인데 안채와 행랑이 있는 문간의 공간이 충분히 넓거나, 낯선 사람이 불쑥 안채로 바로 들어가지 못하도록 안

고택에는 우리가 지나쳐 온 시간이 있다. 그 때묻은 담벼락 어느 구석에는 올해도 담쟁이 덩굴이 아무도 모르게 단풍이 들었다. 고택의 기능은 역시 집으로서의 역할이겠지만, 그 기능 속에는 기능미라 할 아름다움

과, 순간 진실을 일깨우는 서늘한 깨달음과 함께 오는, 이떤 역할로서의 아름다움이 더욱 빛을 발하는 시간
이 있다.

굴뚝이 단지 연기를 배출하는 기능만 갖는다면 얼마나 싱거울까. 굴뚝에 표정을 만드는 사람의 마음은 얼마나 넉넉하고 여유로울까.   조견당 안채 굴뚝.

채와 행랑 사이에 사랑채를 짓는 경우가 있다. 이럴 경우 사랑채를 안채와 평행으로 배치하는 경우가 대부분이지만 가끔은 좌우로 종렬 형태르 짓기도 한다. 또 사랑채의 앞쪽이 안채를 바라보는 것이 아니라 바깥쪽을 향하도록 문을 내는 것이 특징이다. 외부 사람들은 문간을 통과하고 사랑채의 또 다른 문을 지나야 안채에 도달하게 되는 형식이다. 논산의 윤증고택은 지금은 행랑이 없지만 사랑채는 안채와 나란히 그렇게 배치되어 있다.

굴뚝의 수직적 긴장감이 여유로운 팔작지붕의 부드러운 선과 만났을 때 이들의 조화는 또 얼마나 절묘한 대비와 결합의 결과인가. 기능으로서의 역할보다 이젠 기능미로서의 역할이 더 강조되고 있는 굴뚝.　조견당 사랑채 굴뚝.

안채와 행랑, 그리고 사랑채가 완성되면 마지막으로 사당을 짓는다. 사당의 위치는 집의 가장 뒤쪽에 있다. 안채는 기본적으로 남향을 하고 있는 것이 대부분인데, 따라서 사당은 집의 제일 뒤쪽이자 북쪽에 위치하는 것이 상례이다. 사당을 사람들의 왕래가 빈번한 집 앞이나 눈에 잘 띄는 곳에 짓는 일은 없다. 사당은 집 전체의 균형을 잡아주는 실루엣으로서의 역할을 한다고 볼 수 있다. 보이는 것 이외에 잘 보이지 않는 곳에, 조상의 정신적 유산이 집의 깊이를 더해주는 적절한 거리에, 대개는 작은 마당가에 거미줄이 처져

집이 사람을 담는 큰 그릇이라면, 그 그릇은 그 안에 담기는 사람의 행동양식을 규정한다. 가운데 작은 문이 '며느리 갈구는 문'이다.

있고 언제 심었는지 알 수 없는 향나무가 제멋대로 자라있는 그런 자리에 사당은 있다.

집에 따라 약간의 차이는 있지만 한옥의 백미는 안채이다. 안채는 집 전체의 중심이자 생활공간의 모든 동선을 장악하는 가장 합리적인 공간에 자리 잡고 있다. 따라서 안채만 보면 대략 그 집의 지리적 위치나 동네의 특징은 물론, 집 전체의 규모와 품격을 가늠할 수도 있다. 집을 지은 사람의 사회적 신분이나 건축 당시의 재정적인 상태도 어느 정

애초에는 단순히 기능만 생각했을 것이다. 여기에 시간이 쌓이고 먼지가 덮히면서 사람의 시선을 정지시키는 무엇으로 존재하는 것이 생기게 되었다. 그러나 이것이 아무에게나 보이는 것은 아니다. 지극한 애정과 시간과 역사의 냄새를 탐닉하겠다는 의식이 촉수처럼 살아있지 않는 한, 아무에게나 다가오는 것은 아니다.

도는 판단이 가능하다. 6간대청의 넓은 마루를 중심에 두고 양쪽으로 배치된 안방과 윗방, 건넛방, 그리고 몇 개의 작은 방들이 어머니를 중심으로 살림살이를 하는 안채 사람들의 살아가는 모습을 그대로 보여준다.

집이 사람을 담는 커다란 그릇이라면, 그 그릇은 그 안에 담기는 사람의 행동방식을 규정한다. 집은 이미 그 안에, 그 안에서 살아갈 사람들의 규범과 행동반경과 그 집안의 위계질서를 이미 반영하고 있다.

기와가 마당 한켠에 쌓이면 기능 대신 어떤 미감의 대상이 된다. 어머니가 쓰시다 돌아가신 이후의 장독대 역시 어떤 기능 보다도 어머니를 그리워하게 하는 장소로서의 역할이 크다. 고택에는 우리가 지나쳐온 시간 이 머물고 있다.

주천고택 조견당 안채 안방에는 참으로 다양한 모양과 크기의 문들이 있는데 밖에서 볼 때 가장 왼쪽, 그러니까 부엌과 가장 가까운 아랫목에 작은 문이 하나 있다. 이 문은 툇마루가 거기까지 연결되지 않아 사람이 드나들 수 없는 문인데 특별한 용도로 만들어진 문이다.

부엌에 있는 며느리와 안방에 있는 시어머니가 서로 '대화'하기 위한 문인데, '대화'는 대부분 시어머니의 일방적인 지시나 화풀이로 끝나는 법이지만, 그 문을 여는 시어머니의 태도에 따라 매운 시집살이를 하는 며느리는 시어머니의 심기의 일단을 파악하는 척도로 생각했다니 문의 용도가 재미있다. 순식간에 그 문을 '쾅'하고 밀어제치면 '오늘은 저 노인이 심기가 불편하구나. 오늘 조심해야 겠다.' 그렇게 생각했다. 조견당 사람들은 이 문을 가리켜 '며느리 갈구는 (괴롭히는) 문'이라고 부른다.

다섯.
고택의
아름다움에 대하여

논산시 노성면에 가면 조선 숙종 때 당대의 대학자로 알려진 윤증 선생의 고택이 있다. 명재 윤증 선생은 숙종이 온갖 벼슬을 내리며 출사할 것을 요청했지만 단 한 번도 응하지 않았다. 다만 시정개혁에 대한 방책만을 국왕에게 보내면서 꼿꼿한 선비의 표상을 언제나 견지한 인물이었다. 그래서 윤증 선생에게는 언제나 '백의정승'이라는 말이 따라다녔는데, 이는 벼슬을 하지는 않았지만 정승 못지않은 학문과 경륜을 겸비했다는 주변 사람들의 칭송일 것이다.

윤증 선생을 따르는 많은 선비, 학자들이 선생이 노후에 좀 더 편안하게 기거할 수 있도록 지금의 고택을 지어드렸는데, 선생은 생전 이곳에 입주하길 마다하고 누옥에 거처하다 생을 마감하였다. 선생 사후에야 후손들이 이곳으로 이주해 오늘에 이르고 있다. 선생은 생전 절약하고 검박한 생활을 강조하였는데, 제사상을 가로 세로 1미터 미만으로 할 것을 유언으로 남겼고, 후손들은 실제로 이 작은 제사상을 만들어 지금까지 사용하고 있다고 한다.

윤증고택 인근에는 '종학당'이라는 파평 윤씨 집안의 사설 교육기관이 있는데, 이곳은 집안의 사내 아이 가운데 만 15살이 되면 어김없이 입교시켜 과거시험을 준비하는 장소로 쓰였다. 기숙사며 누대며 교육에 필요한 시설을 갖추고 적어도 3백여 년을 이어져 내려오고 있다. 여기에서 수학한 사

고택에서 우리는 뜻밖에 마주치는 장면에 적잖은 충격을 받기도 하는데, 논산시 노성면 윤증고택에서는 엄청난 장 항아리의 풍경에 모든 이들이 압도당한다. 아름다움은 스토리의 시작이다. 여기에서 이야기가 출발한다.

고택의 정신과 철학

고택에 깃들어 있는 아름다움에는 단순한 美로서의 아름다움만이 아닌, 인간의 근원적인 본성에 닿는 깊은 울림으로 호응하는 아름다움이 있다. 논산의 윤증고택에는 이런 아름다움이 인간의 영혼을 울리는 깊은 감동으로 만날 수 있는 공간이 도처에 있다.

람 중에 대과에 급제한 사람이 40여 명이나 되고, 기타 향시나 진사과에 오른 사람은 수를 셀 수 없을 정도라고 한다. 여기에는 교육에 필요한 모든 서책들을 판각으로 보관하고 있으면서 필요할 때면 언제나 인쇄를 하고 책으로 묶어 사용했다고 하니 도서관을 겸비한 대학수준의 교육기관이라고 할 만하다.

우리가 '아름답다'라는 말을 자주 쓰지만 막상 무엇이 아름다움인가에 대해서는 답하기가 쉽지 않다. 설사 '아름답다'

감내하기 어려운 정신적 충격을 치른 경험이 언제든지 생생한 기억으로 반추될 만치, 육신이 사정없이 후들거리는, 어떤 증상 같은, 상처 같은, 그 흔적이 결코 지워지지 않는 트라우마, 그런 바탕 위에서 오는 것이다, 아름다움은.   정면에서 바라 본 윤증고택.

라는 말에 대한 최소한의 합의와 비슷한 개념이 사람들에게는 있을 수 있다하더라도 그 개념을 절대적으로 지배하는, '아름답다'라는 말에 함축돼있는 아름다움의 본질에 대해서는 쉽사리 표현하기는 어려울 것이다. 그 본질적인 요소에 아름다움을 판단하는 이성적인 사고작용과 함께 심리적이고 정서적인 요인, 이미 각인돼 있는 그 사람, 그 민족, 그래서 가질 수밖에 없는 그 시대, 그 역사의 배경, 그리고 지금 그가 처한 상황까지도 통시적으로, 변증법적으로, 직관으로, 직감적으로 이뤄지는 어떤 미묘한 사고의 결과 미

윤증고택에는 행랑채가 없다. 윤증고택 후손인 윤완식 선생에 의하면 당대의 실력자들이 하도 집안을 들여다
보고자 하니, 아예 행랑을 헐고 마음껏 들여다 봐라, 그런 뜻으로 행랑이 없고, 이후로도 이를 더는 짓지 않았

다고 한다. 여기에서도 어떤 비감어린 아름다움이, 그리고 그 정서에 바탕을 둔 이야기는 시작되는 것이다.

윤증고택 인근에 있는 종학당. 과거에 합격하기 위해 필사의 학습에 매달렸던 후손들의 이야기가 지금도 종학당 근처를 맴도는 듯 하다.

고택의 정신과 철학

지금 보이는 고택에서 살았던 사람들의 유형의, 무형의 정신적 자산이 아름다움을 결정한다. 종학당의 기숙사 역할을 했던 보인당.

추(美醜)의 경계가 갈리고 결정되는 것은 아닐까.

그렇다면 윤증고택이 가지고 있는 아름다움의 바탕은 무엇인가. 집 자체가 자지고 있는 안정감 있는 가옥의 배치며, 사랑채 누마루의 처마선이며, 거기서 내다보는 바깥 풍경이며, 거기서 주인에게 대접받는 차 한 잔의 향기며, 이 모든 것이 아름다움의 부분적인 요소일 수는 있을 것이다. 하지만 그것보다 더 중요한 아름다움을 판단하는 필요충분조건은 지금 눈앞에 보이는 고택에서 살았던 사람들의 유형의,

윤증고택 후손들은 최근 귀중한 유물들을 충청남도에 기증하기로 했는데, 여기에는 보물급 문화재와 각종 서적 등 모두 만 여 점이 넘는다.　윤증고택 담장.

무형의 정신적인 유산이라고 본다.

윤증고택의 자손들은 최근 자신들이 어렵게 보존해온 많은 유물들을 충청남도에 모두 기증하기로 했는데, 여기는 윤증 선생 영정을 포함해 보물급 문화재와 각종 서적과 판각 등 귀중한 유품이 만 여 점이 넘는다. 최근 문화재를 훔쳐가기 위해 고택 주변을 어슬렁거리는 도둑들이 기승이다. 심지어 공부를 하는 학자임네 하는 측들 중에 뻔히 훔쳐온 물건인 줄 알고도 이를 싼값에 매입해 자신의 서가에 꽂아두는 이들도 적지 않다. 그의 서가에서 향기가 날 리가 없다.

그렇다면 다시 운조루로 돌아가 보자. 운조루의 줄행랑이 부럽고, 운조루의 사랑채가 갖고 싶고, 운조루의 자리가 탐나는 것은 어쩔 수 없다손 치더라도 그것이 곧 운조루의 아름다움을 결정하는 것은 아니다. 왜냐하면 꼭 운조루는 아니더라도 비슷한 입지에 유사한 건물은 다른 집에서도 발견할 수 있기 때문이다. 임청각의 군자정이나 선교장의 사랑채인 열화당과 정자인 활래정, 그리고 병산서원의 만대루, 농암종택의 긍구당 등 수많은 고택의 보기 좋고 훌륭한 건축물들을 얼마든지 열거할 수 있다.

운조루 앞에서 숙연해지고 아름다움을 느끼고 감동할 수 있는 전제는, 운조루 사람들이 가졌던 따뜻한 마음 씀씀이와 아낌없이 베풀 수 있었던 선한 행동력에 대한 감응과 그 결과에 대한 보다 구체적인 실감이라고 본다. 임청각 앞에서 우리가 머리를 숙일 수밖에 없는 이유는 임청각의 '군자정'이 보물이기 때문이 아니다. 아흔아홉 칸의 거대한 규모 때문이 아니다. 낙동강의 바라보는 경치가 빼어난 때문도 아니다. 자신이 필생의 업으로 모으고 쌓은 모든 것을 버리고 대의를 위해 희생할 수 있었던, 그리고 국가와 민족을 위해 종손과 종갓집이라는 개인적인 문제를 넘어 분연히 떨치고 나섰던 그의 행동력에 가슴이 떨리는 무엇이 전해져 오기 때문이다. 그리고 그가 겪었던, 그의 자손들이 치러야했던 형극의 아픔은 그 무엇으로도 치유되기 어려운 것이었기에, 그들의 고난과 시련의 댓가로 지금 우리가 이렇게 이 자리에 있다는, 불현듯 뒷머리를 때리는 자각만으로도 우리는 얼마나 임청각과 그 자손들에게 빚을 지고 있는 것인가.

아름다움이란 때로는 슬프고도 처연한 감정으로 다가오기도 한다. 아름다움이란 밝고 명랑한 것만이 아니다. 우리의 심장과 폐부 깊숙이 내재돼 있는, 감정의 어느 골 깊숙이 잠재돼 있는, 뇌세포 어느 갈피에 깊이 각인돼 있는, 감내하기 어려운 정신적 충격을 치른 경험이 언제든지 생생한 기억으로 반추될 만치, 육신이 사정없이 후들거리는 어떤 증상 같은, 상처 같은, 그 흔적이 결코 지워지지 않는 트라우마, 그런 바탕 위에서 오는 것이다.

선악을 가리듯이, 흑백을 구분하듯이 아름다움을 두부모 자르듯 규정하기는 어렵다. 아름다움이란 인간의 영혼을 흔드는 어떤 거대한 힘과 함께 오는 것이다. 아름다움은 찰나에 오는 것이기도 하지만, 그 찰나 이전에는 그 아름다움에 감응할 수 있는 많은 세포들이 이미 잠재적 DNA를 형성하고 있었던 것은 아닐까.

우리가 지나쳐온
시간이 머무는 곳, 고택

우리가 지나쳐온
시간이 머무는 곳, 고택

하나.
성주가 주는
메시지

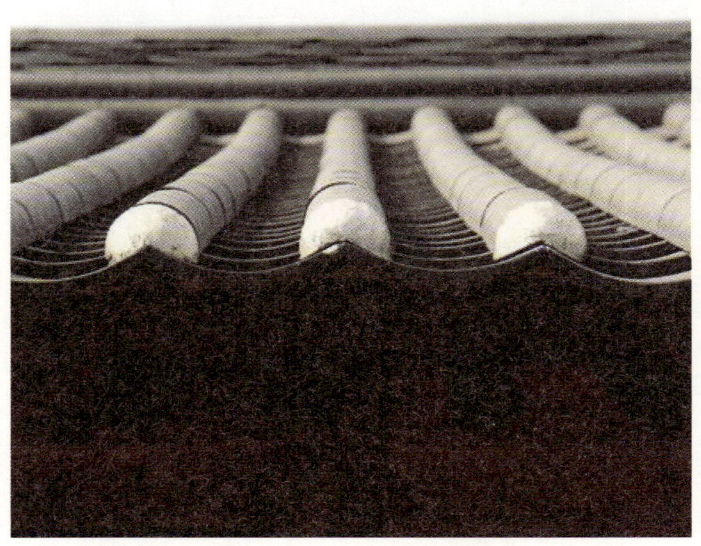

강원도 영월군 주천면에 가면 조견당(照見堂)이란 오래된 고택이 있다. 대문을 들어서면 우선 이 집에서 가장 오래된 안채가 오른쪽으로 자리 잡고 있다. ㄱ자 모양의 안채 가운데 넓은 대청이 눈에 들어온다. 대청 가까이 다가가 여기 저기 바라보자면 안방 문 왼쪽 기둥에 요즘은 쉽게 볼 수 없는 다소 낯선 물건이 눈에 띤다. 소나무와 한지를 무명실로 붙들어 맨 단출한 모양인데, '성주'라고 부른다. 요즘 사람들은 이런 물건을 어디서 보기도 힘들거니와 이름 또한 알지 못한다.

이 집의 9대 종부 김휘선 여사는 19살에 시집와서 만 61년을 종부로 살다가 돌아가셨는데, 현재 기둥에 달려 있는 것이 2000년 가을 80세를 일기로 돌아가신 김휘선 여사의 마지막 작품(?)이다. 여기에 담긴 뜻 또한 예사롭지 않다.

우선, 한지는 생활용품의 으뜸으로 생활이 풍족해지길 기원하는 뜻이 담겨 있다. 무명실은 무병장수, 소나무 상순은 자식들이 남의 곁가지가 되지 말고 세상의 중심이 되라는 뜻으로, 당 해 년도에 자란 소나무 맨 꼭대기 상순을 분질러 여기에 매단 것이다.

어머니는 2남 6녀, 자식을 모두 8남매를 두셨는데 이 문을 드나들며 이 성주를 볼 때마다 '내가 너희들을 얼마나 사랑

부모가 자식에게 바라는 것이 있다면, 그것은 첫째 건강, 둘째는 재물, 셋째는 출세일 것이다. 조견당 안채에 있는 이 성주가 주는 이미지는 그것보다 더 구체적이고 더욱 강력하다. 한지가 주는 뜻은 생활이 넉넉하길

바라는 것이고, 무명실은 무병장수, 소나무 상순이 주는 뜻은 남의 곁가지가 되지 말고 우두머리가 되고 세상의 중심이 되라는 것이다.

이젠 사진으로만 존재하는, 그러나 한 때는 조견당의 주인으로 살았던 이들의 모습이 안채에 남아 있다.

하는지 아느냐? 이래두 너희가 세상을 비뚤게 살겠느냐?'하
는 어머니의 자식 사랑에 대한 강력한 메시지와 동시에 어
머니가 염원하는 교육적 상징성이 여기에 모두 담겨 있다고
할 수 있다. 어머니는 이 성주를 통해 무언의 가르침을 행
하셨고, 자식들은 이 가르침을 어떤 교육보다도 무겁고 소
중하게 받아들였다. 이러한 가르침이 주천고택 조견당이 한
자리에서 3백 년이 넘도록 이어져 내려오는 원동력이 되었
다고 할 수 있다.

둘.
1원짜리도
아끼는 마음

어머니는 주천 장터에서 가장 싼 물건인 이 똬리를 이렇게 헌 헝겊으로 말아서 쓰곤 했다. 어머니는 1원짜리도 허투루 쓰는 법이 없었다.

'메밀꽃 필 무렵' 5일 장터인 주천 장에 가면 제일 싼 물건이 또아리이다. 부잣집 종부였으나 세상의 어떤 하찮은 물건도 아끼고 소중히 다뤘다. 많다고 아무렇게나 쓰는 걸 어머니는 결코 용납하지 않았다. 또아리를 얹고 물동이를 이어보이는 종부.

'또아리'('똬리'라고도 부른다) 또는 '또바리'라고 부르는 이 물건을 지금은 누가 만들지도 않고 또 일상생활에 쓰이지도 않는다. 옛날 우리 어머니들이 물동이를 이거나, 어딘가에 무거운 물건을 이고 갈 때 쓰는 물건이므로 지금은 찾아보기 어려운 물건이다. 메밀꽃 5일 장터인 주천 장터에 가면 아마 제일 싼 물건 중의 하나가 이 또아리일 것이다. 6,70년대 장터에 가면 10개를 한 다발로 묶어서 파는데 10개가 아마 10원이었을 것이다. 이후 값이 올라 100원을 했을 것이다. 하나에 1원, 하나에 10원 하는 물건이니 참으로 싼 물건에 속했다. 그런데 조견당 김휘선 여사는 이것을 쓰다가 부스러지면 휙 버리고 새것을 쓰는 게 아니라, 못 쓰는 피륙으로 똘똘 말아 다시 쓰시곤 했다. 이 사진이 바로 헌 광목천으로 또아리를 말아 쓰던 어머니의 마지막 또아리이다.

집의 크기로 보나 농사의 규모가 다른 집에 비해 적지 않았음에도 불구하고 어머니는 세상에 가장 싸고 보잘 것 없는 물건도 함부로 버리지 않고 아끼고 아껴 쓰셨다. 쌀 열 가마가 들어가는 큰 뒤주에 쌀이 꽉 차 있어도 어머니는 쌀 한 톨도 허투루 쓰지 않았다. 저녁밥을 지을 때면 당신 몫의 쌀을 퍼내 '절미저축 항아리'에 모았다가 자식들 월사금이나 기성회비를 내셨고, 공책, 연필, 책받침, '콤파스'(컴퍼스), 대나무 자를 사는데 보태주셨다. 세상의 무엇도 아끼고 소중히 다루는 마음, 많다고 아무데나 쓰는 걸 어머니는 결코 용납하지 않았다.

셋.
똥도 버리기
아까운 여자

조견당 자식들에게 어머니는 신에 가까운 분이었다. 인간이 인간으로 태어나 할 수 있는 상식선에서 이뤄지는 게 아니라 어머니는 그 한계를 훨씬 뛰어넘는, 상상하기조차 어려운 엄청난 일을 해내곤 했다. 우선 19살에 시집와 스무 살에 자식을 낳기 시작했다. 3년 터울로 8명의 자식을 두셨으니 만 24년 동안 늘 자식이 어머니 가슴팍에 붙어 있었다. 자식만 키우라면 얼마나 좋았을까.

우선 새벽에 부엌에 나가 밥을 해야 한다. 무쇠솥이 부뚜막에 걸려있는 부엌에서 최소한 10명 분의 밥과 반찬을 해내야 한다. 일꾼을 얻어 무슨 일을 하는 날에는 열 명 정도의 밥을 더 지어야 하는데, 우리 식구 10여 명과 일꾼 10여 명, 도합 스무 명 정도의 밥을 짓는 일은 예삿일이 아니다. 모내기 하는 날, 벼베기 하는 날, 타작 하는 날, 옥수수 베는 날, 옥수수를 산에서 져 내리는 날, 이런 날에는 수 십 명 분의 밥을 지어야 했다. 이런 날에는 부엌일 하는 동네 아줌마들, 거기에 딸린 식구들까지 합하면 수 십 명의 사람들이, 흡사 장날 장꾼들이 몰려다는 것 같은 그런 장면이 연출된다.

그렇게 삼시 세끼를 해야 한다. 또 그 사이 새참이라는 것이 있다. 새참을 크게 차리는 건 아니지만 아침 밥상 설거지가 끝날 쯤이면 새참 준비를 해야 한다. 막걸리 한 사발에 두부 한조각 정도이지만 차리는 입장에서는 그것도 신경이 쓰

매일 수 십 명 분의 밥상을 차려야 했던 농가에서 어머니는 한 순간도 쉬는 시간이 있을 수 없었다. 간장, 된장, 고추장, 막장 등이 그득히 담겼던 장독들이 이젠 그 때를 기억이나 하는지 모두 뒤집혀 있다.

우리가 지나쳐온 시간이 머무는 곳, 고택

인다. 점심은 대게 일꾼들이 일하는 농토 근처로 나른다. 아
줌마 대여섯 명이 광주리에 밥과 반찬 등을 이고 가 밥상을
차린다. 밭고랑 근처에서 먹는 이 밥맛은 무슨 말로도 형용
하기 힘들 정도로 꿀맛이다. 이것 모두가 다 어머니의 손을
통해 나오는 것이다.

해가 긴 여름철에는 저녁 먹고 설거지를 끝내면 10시가 넘
는다. 어머니의 일은 아직도 끝날 줄을 모른다. 자식들과 조
카들까지 10여 명의 애들이 짓삶아 온 옷가지들을 빨아 널
고 꿰매고, 특히 겨울철에는 등잔불을 밝히시고 30촉짜리
전구를 넣고 구멍난 양말을 꿰매시던 어머니의 모습, 잠결에
몇 번이고 깨어났다 잠들다를 반복해도 어머니는 날이 새
도록 일손을 놓지 못했다.

종가집은 명절이 바쁘다. 명절음식 장만도 만만치 않은 일
이지만 설빔이나 추석에 입는 한복을 손질하는 일은 더더
욱 어려운 일이다. 두루마기를 다리는 일, 동정을 붙이는
일, 댓님을 곱게 마름질하는 일, 다 어머니의 몫이다. 어머니
말고 누가 그 일을 할 것인가.

봄에는 장도 담그고 가을에는 김장도 해야 한다. 제비가 돌
아온다는 삼월삼짓날에는 고추장, 막장도 담아야 한다. 메
주도 소금물에 담가야 한다. 그래야 나중에 간장을 달이고

메주는 된장이 되는 것이다. 솜씨가 없으면 큰일이 난다. 솜씨가 있어도 부지런하지 않으면 장을 관리하기 어렵다. 맛있는 장맛은 종부의 솜씨와 마르지 않는 손끝에서 나오는 것이다. 우리 어머니는 뛰어난 솜씨와 마르지 않는 부지런함이 뼛속까지 배어있는 그런 분이었다.

우리 할머니, 8대 종부는 우리 어머니에게 혹독한 시집살이만 시키고 일찍이 세상을 뜨셨다. 그래서 9대 종부인 우리 어머니는 작은댁 작은할머니에게서 음식 솜씨며 바느질 등 많은 것을 배우고 이어 받았다. 우리 어머니의 선생은 시어머니가 아니라 정작 작은어머니였다. 그 작은 할머니는 동네 아낙들에게 늘 이렇게 말했다고 한다. "우리 큰댁 어멈은 똥도 버리기 아까운 여자다."라고.

넷.
사도세자가
우리 집안에도…

조견당 안채 넓은 마루에는 커다란 뒤주가 하나 자리 잡고 있다. 이 뒤주는 조견당이 완공된 순조 27년, 1827년과 시간의 역사가 거의 궤를 같이 한다고 할 수 있다. 이 뒤주는 쌀 열 가마가 들어갈 정도로 웬만한 집에서는 찾아보기 힘들 정도로 규모가 크다. 나도 어릴 적에 어머니의 명을 받고 그 안에 들어간 적이 있는데, 장정 한 사람이 앉아 있어도 그리 옹색하지 않을 정도로 꽤 넓다. 내가 뒤주 안에 들어간 이유는 햅쌀을 담기 전에 남아있는 묵은 쌀을 퍼내야 했기 때문이다.

그런데 이 뒤주를 가끔 이용(?)한 분이 우리 집안에 있었다고 한다. 숙종 연간에 한양에서 내려와 주천에 자리 잡은 이래, 입향조인 10대 할아버지가 큰 부자였고, 가장 가까이에는 증조할아버지가 상당한 부를 쌓은 것으로 전해진다. 바로 증조부의 아들, 즉 우리 할아버지가 뒤주를 종종 이용하신 분인데, 하룻밤에 노름으로 전답을 몇 마지기를 잃고 돌아오면 진노한 아버지가 아들을 뒤주에 가두고 밥을 굶기곤 했다는 얘기다.

주로 농사를 지었던 우리 집에는 옥수숫대나 수숫대궁으로 소여물을 썰어 주던 작두가 아직도 여러 개 있다. 손으로 가볍게 쓰는 작은 것에서부터, 발로 높이 들어 올렸다가 힘껏 발로 내려 밟는 큰 작두에 이르기 까지 다양한 모양의 작두

오래된 집에는 오래된 이야기가 있다. 노름으로 가산을 탕진하고 돌아온 아들을 가두곤 했다는 뒤주가 아직
도 조견당 대청마루에 자리 잡고 있다.

우리가 지나쳐온 시간이 머무는 곳, 고택

노름빚을 지고 돌아온 아들의 팔을 자르겠다고 날이 시퍼런 작두를 대령케 했던 아버지는 결국 그렇게 하지 못했다. 조견당에도 사도세자의 이야기가 전해온다.

가 있다. 어느날 할아버지가 예의 노름버릇을 못 버리고 노름으로 큰 빚을 지고 오자 증조부께서 하인들에게 마당에 작두를 내오라고 호통을 치셨다. 작두가 마당 가운데 놓이면 할아버지를 마당 가운데로 나오게 하고는 시퍼런 작두날 아래 손을 집어넣으라고 불호령을 내렸다. 다시는 노름을 할 수 없도록 팔을 아예 잘라버리겠다는 뜻이었다. 뭐 하나 잘한 게 없는 할아버지는 순순히 작두날 아래 팔을 밀어 넣었다고 한다. 아무리 자식이 미워도 과연 아버지가 작두로 자식을 팔을 자를 수 있을까? 작두에 팔을 밀어 넣은 자식이 이겼고, 결국 작두날을 밟지 못한 아버지가 지고 만 것이다.

바쁜 농사철이 지나고 농한기가 되면 충주나 원주, 제천 등 인근 지역에서 촌부자들을 노리는 소위 '야마시 꾼'이 몰려들었다. 순진한 부잣집 아들 우리 할아버지는 그들의 꼬임에 빠져 아까운 전답을 수 천 평, 수 만 평 잃는 일을 반복하다가 일찍이 40대 초반에 돌아가셨다. 사도세자가 뒤주에 갇혀 한 많은 삶을 마감한 것처럼 우리 할아버지도 세상에 태어나 별다른 족적을 남기지도 못하고 그렇게 집안에 걱정만 끼치다 돌아가셨다.

名品古宅 名品講義

다섯.
우리가 지나쳐온
시간이 머무는 곳

조견당에 깃발이 하나 내려오고 있다. 붉은 광목천에 흰 글씨가 쓰여진, 어쩌면 평범한 모양의 낡은 깃발이다. 깃발의 색이 붉은색이라는 것이 좀 특징이랄까, 그것 말고는 그리 큰 차별성이 없는 모양이다.

흰 글씨로 주팔정송삼등(周八政宋三登)이라고 써 있는데, 문헌을 찾아보니 중국의 역사책에 나오는 문구였다. '주팔정'은 주나라의 팔정이고, '송삼등'은 송나라의 삼등이라는 말이다. 주나라가 '팔정'이라는 정치체제를 가지고 백성을 다스릴 때 나라가 태평성대였다는 것이고, 또 송나라가 '삼등'이라는 제도를 갖고 국가의 기틀을 잡았을 때 역시 백성이 살만한 세상이었다, 그런 의미를 담고 있다.

6.25 한국전쟁 때 여름 난리는 앉아서 당하고 동란에는 피난을 가셨는데, 이 때 집안 내력이 적혀있는 족보는 다락에 두고 갔지만 이 깃발만은 피난 봇짐에 챙겨 가셨다고 하니 가히 이 깃발에 대한 어른들의 생각과 위상을 짐작할 만하다. 이 깃발이 이처럼 우리 집안에 매우 중요한 의미를 지닌 물건으로 내려오는 이유는 이 깃발이 가지고 있는 상징성 때문이 아닌가 싶다. 농촌 마을에는 봄, 가을 농번기에는 어느 집이나 일손이 모자라 '두레'라고 공동으로 작업을 하는 전통이 내려오고 있는데, 이 때 이 깃발이 사람을 모으고 공동체의식을 심어주는 역할을 했던 것이다.

깃발이 주는 상징성은 크다. 붉은 바탕에 흰 글씨로 주팔정송삼둥(周八政宋三蕝)이라고 쓰여 있다.

우리가 지나쳐온 시간이 머무는 곳, 고택

4,50명의 장정이 함께 모내기며 벼를 베거나 타작을 하는 장면은 그 자체로도 엄청난 그림을 연출하는 것인데, 이 공동작업의 한가운데 이 깃발이 푸른 하늘을 배경으로 펄럭이는 장면은 두레의 하일라이트가 아닐 수 없다. 중요한 것은 누가 이 깃발을 들고 나가냐는 문제이다. 이 마을에 누대에 걸쳐 내려오는 대동계(大同契)란 조직이 있는데, 마을 전체의 경조사는 물론 국가가 위난을 당했을 때에도 함께 생사고락을 같이하는 일종의 결사단체인 것이다. 대동계에는 대동계장이 있었는데 이 대동계장은 덕망이 높고 학식이 있는 마을 어른이 맡는 게 일반적이 관례였다.

마을의 길흉사는 물론 정초에 토정비결 봐주기, 장 담그는 날, 이사 가는 날 잡아주기 등에서부터 남녀혼사에 궁합이며 당사주 봐주기, 부역에서 일거리 배정까지, 거의 모든 마을의 대소사에 간여하거나 미리 방침을 정하고 마을 사람들이 이를 따르도록 매사에 주도적인 역할을 하는 게 대동계장의 일이었다. 여기까지는 평화로운 시기에 해당하는 대동계장의 업무영역이다.

1910년 어느날, 갑자기 왜놈의 나라가 되었다는 청천벽력 같은 소식이 이 강원도 산골마을에도 전해져 왔다. 모든 것을 일본사람들이 주도하고 나라도 없고, 왕실도 없고, 국가의 체제가 일시에 붕괴되는 이른바 경술국치, 나라가 온통

왜놈들의 손에 넘어가는 황당무계한 일이 벌어지고 만 것
이다. 마을 사람들은 이런 일이 처음 있는 일이니만치 놀란
가슴을 안고 대동계장을 찾아 향후 벌어질 일이며 앞으로
의 정세에 대해 귀 기울이면서 전전긍긍하는 모양새를 취할
수밖에 없었다.

우리 집안 어른들은 대대로 이 대동계장을 맡아 마을의 대
소사에 앞장을 서곤했는데, 결국 의병에 나가자는 결의를
하게 되고, 인근 제천지역과 박달재를 중심으로 펼쳐진 왜
군들과의 전투에서 변변히 무장도 하지 못한 채 비참한 최
후를 맞이하게 된 것이다. 의병에 나가 나라를 구하자고 할
때 마을 장정들을 하나로 묶어준 것이 바로 이 깃발이었다.
이 깃발에 대고 사람들은 억울하게 빼앗긴 나라를 다시 찾
겠다고 맹세를 한 것이다. 결과는 참혹했다. 시신도 수습하
지 못하고 대부분의 장정들은 왜놈들의 총부리에 맥없이
무너져갔다. 어찌어찌해 이 깃발만이 주인을 잃은 채 고향
으로 돌아왔다.

지금도 조견당 안채 다락에는 낡은 깃발이 고이 모셔져 있
다. 장정들의 목청 굵은 웃음소리와 나라를 찾겠다는 의분
도 오랜 시간이 흐른 지금 고택에 내린 먼지만큼이나 고요
하다 못해 시간이 멈춘 듯, 우리가 지나쳐온 시간이 거기에
그렇게 정지된 채 머물고 있다.

여섯.
아버지의
필사본

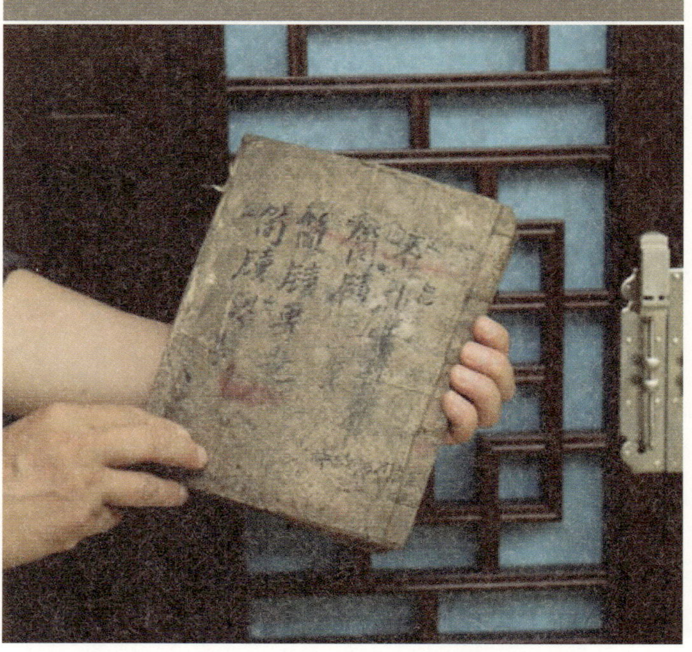

오래된 집에는 오래된 이야기가 있다. 오래된 이야기는 할머니와 할아버지의 입을 통해 손자 손녀들에게 전해진다. 그러나 입으로 전해지는 이야기는 아무래도 기억력에 한계가 있어 글로 전해지면 보다 정확하게 대를 이어 남길 수가 있는 건 당연한 이치. 최근 몇 년 동안 아버지의 유품 가운데 몇 권의 필사본이 늘 손 언저리를 떠나지 않는다.

옛날에는 아무리 부잣집이라고 해도 필요한 책을 자식들에게 쉽게 사 줄 수 있는 상황이 못 되었다. 그 이유는 책 자체가 워낙 귀한 탓도 있었지만, 같은 책이 어디서 어떻게 만들어졌는지 그 연원을 알기도 쉽지 않아 사고 싶어도 살 수가 없었다. 그래서 그것과 똑같은 책을 간직할 수 있는 방법은 그 책을 그대로 베끼는 수밖에 없었다. 책을 베껴 간직하는 책이 바로 필사본이다.

아버지의 필사본은 우선 아버지의 체취를 느낄 수 있어 좋다. 늘 무섭고 엄격하게만 느껴졌던 아버지의 어린 시절을 유추해 볼 수 있어 더 정겹다. 대게는 10대에 베긴 글인데도 아버지의 글씨는 유려하고 막힘이 없다. 한 자 한 자 정확을 기한 해서에서부터 행서 초서에 이르기까지 10대에 쓴 글씨라고는 믿기지 않을 정도로 획의 흐름이 아름다운 선의 향연을 보는 듯하다. 무엇인가 열심히 읽고 외우고 그 뜻을 익히는데 몰두했던 아버지의 유년시절이 그리움으로

아버지의 글씨는 유려하고 막힘이 없다. 유년시절 열심히 학업에 몰두했던 아버지의 체취를 느낄 수 있어 더욱 좋다. 이제는 그리움으로 다가오는 아버지의 유품이다.

다가온다.

몇 자 해독이 되는대로 들여다보니, 당대 어린이들을 가르치는 필수 교재였던 '동몽선습'의 일부도 들어있고, 신라시대 원광법사가 지었다는 다섯 가지의 戒律(계율), 즉 事君以忠(사군이충), 事親以孝(사친이효), 交友以信(교우이신), 臨戰無退(임전무퇴), 殺生有擇(살생유택) 등 화랑 세속오계도 들어있다. 아버지는 이런 옛 어른들의 훌륭한 가르침을 몸소 책을 배끼면서 체득하신 것 같다.

책을 단순히 읽는 것 보다는 그 책을 자기 손으로 베끼는 것이 더 오래 기억되고 그 내용이 더 잘 떠오르는 것을 우리는 경험으로 알고 있다. 그러니까 우리 할아버지나 그 윗대 증조부는 자식이 보다 더 공부에 집중할 수 있도록 꼭 읽고 알아야 할 책은 반드시 손수 베끼도록 했다는 것을 알 수 있다. 그것이 공부의 한 방법이라는 것을 나중에야 깨달을 수 있었다.

평생을 머리 속에 넣어두고, 평생을 그 구절들을 가슴으로 새기면서, 그 가르침을 따라야 할 금언들은 유년시절에 자기 손으로 직접 쓰고 암기하고 그것을 실천하는 공부를 하도록 아버지는 그렇게 배웠다. 그런 공부를 해 오신 것이다. 그리고 아버지의 아버지, 또 그 아버지의 아버지도 그러한 방법으로 공부를 했고, 자식에게도 그 방식대로 가르쳤으니 이러한 공부 방법도 대를 이어 내려온 셈이다. 조견당에 내려오는 몇 권의 필사본은 우리 선대 어른들이 어떻게 공부를 했는지를 보여주는 좋은 증거이자, 아름다운 학문의 전통이 면면히 이어지는 먹 향기 그윽한 사대부가의 자존심이라고 느껴진다.

일곱.
오래된
나무들

조견당 주변에는 아직도 오래된 나무들이 몇 그루 서 있다. 몇 년 전에 이생의 생명을 모두 마친 5백 년 수령의 밤나무를 비롯해, 조견당 사당목으로 보이는 수령 3백 년의 배나무도 당당히 제 자릴 지키고 있다. 또 다른 조견당 밤나무 옆에는 돌배나무가 서 있는데 매년 가을 향기로운 돌배를 선사하고 있다. 이 모든 나무들이 10대째 물려 내려오는 조견당 주변을 언제나 넉넉히 지키고 있다.

지금은 고사해 조견당 동쪽 담벼락에 굵은 그루터기만을 남긴 조견당의 상징이었던 밤나무는 5백년이라는 긴 세월 동안 조견당의 흥망성쇠와 조견당 사람들의 삶의 모습과 현장을 묵묵히 지켜보았다. 사람의 생명이 백 년도 어려운데 5백 년의 시간과 세월이라면 우리가 그 시간의 크기와 깊이를 가늠하기조차 어렵다.

먼저 밤나무는 가을이면 붉고 윤기 나는 커다란 알밤을 쏟아 주었다. 추위가 조금씩 느껴지는 가을 새벽이면 알밤이 기와지붕에 떨어져 또로록 또로록 구르는 소리에 잠을 깨었고, 머잖아 '이웃 애들은 벌써 밤 주우러 왔는데 너희들은 아직도 잠을 자고 있느냐'는 아버지의 호통에 공중제비로 몸을 일으켜 서둘러 눈을 비비고 담 밖에 떨어진 알밤을 줍던 기억이 새롭다.

나무의 생육조건은 영양보다는 배수라고 했던가. 모래땅인 조견당 주변의 나무들은 하나같이 수백 년이 지
났지만, 아직도 건강하고 싱싱하다. 3백 년은 족히 되었을 조견당 사당목이었던 배나무. 지금도 배가 열린다.

우리가 지나쳐온 시간이 머무는 곳, 고택

그렇게 많은 밤을 생산해내던 그 밤나무도 나이가 먹고 노쇠해지자 하나 둘씩 가지가 마르고 껍질이 벗겨지면서 그 오랜 역정의 생을 마감하게 되는 안타까운 시간을 맞게 되었다. 그 과정을 참으로 무력하게 지켜볼 수밖에 없었던 지난 몇 년은 조견당 전체가 마치 어머니의 임종을 앞두고 있을 때와 마찬가지로 커다란 슬픔에 빠지고 뭐라 형언할 수 없는 비감이 조견당을 감싸고 있었던 걸 지금도 생생히 기억한다.

조견당 주변에는 오래된 소나무도 여러 그루 있다. 가지가 두 가지로 갈라져 높이 올라간 소나무는 수령이 3백 년은 족히 되었다. 이 정도 크기의 소나무가 이 정도의 수려한 수형을 유지한다는 것은 드문 일이다.

사랑채 밖에도 소나무가 한 그루 서 있는데, 이 나무는 괴목에 가깝다. 오랫동안 벼락에 맞아 쓰러진 나무에 깔려 마디마디가 부러진 채 간신히 목숨만 연명해 오다가 덮친 나무가 비바람에 썩어 부스러지면서 간신히 몸을 일으켜 오늘의 모습으로 생존을 이어온 것이다. 이 나무는 특히 안사랑채 창을 열고 내다보면 창문을 하나의 사진틀로 멋지게 차경을 선사해 조견당의 명물 소나무로 꼽힌다.

집은 새로 지으면 그만이지만 나무는 그렇게 할 수 없다. 조견당 주변을 지키는 이 고목들은 그래서 더욱 가치가 있다.

조견당이 이곳에 자리 잡기 훨씬 전부터 이 자리를 지켜온 밤나무. 고사(枯死)한 지 몇 년이 지났고, 이제는 옛 모습조차 가늠하기 어렵지만 이 밤나무는 어린 시절 조견당의 풍요로움을 대변하는 대표적인 상징물이었다.

우리가 지나쳐온 시간이 머무는 곳, 고택

여덟.
조건당 보물,
대들보

대들보는 보 중에서 가장 중심이 되는 큰 보를 말한다. 조견당 대들보는 우선 보기에도 다른 집 대들보와는 확연히 다르다. 우선 모양이 다르다. 다른 한옥의 대들보는 대개가 수평적인 구조로 되어있는데 비해, 조견당 대들보는 하늘을 받치고 있는 모양으로 아치형으로 되어 있다.

대들보가 아치형으로 하늘 쪽으로 힘을 받고 있는 모양을 하다 보니 대들보 위쪽 공간이 줄어들어 한옥의 구조상 꼭 있어야 할 종보 자리가 없어지게 된 것이다. 대들보-종보-판대공-종도리로 이어지는 구조 중에서 종보가 없고 대들보 바로 위에 판대공을 얹고 종도리를 올리는 간단한 구조가 된 것이다. 그만큼 조견당 대들보가 크고 웅장하다는 것을 보여주는 특이한 구조이다.

어떤 사람들은 애당초 휘어 있는 나무를 그렇게 올린 것이 아닐까 생각하는 이들도 있는 것 같은데, 몇 아름이나 되는 거대한 소나무가 그렇게 휘어 자랄 리도 없거니와 자세히 보면 거대한 나무 가운데를 쳐내고 양 쪽을 다듬어 기둥 위에 걸고 보아지를 받치는, 당시로서는 상상하기 힘든 엄청난 기술을 발휘한 결과물이다. 당대 최고의 기능을 지닌 목수가 나무의 크기를 크게 훼손하지 않고도 기둥의 크기에 맞춰 배율을 고려해 다듬어 올린 고도의 계산과 숙련된 솜씨를 발휘한 예술품이다.

수령 800년이 넘는 소나무를 30명이 넘는 장정들이 석 달에 걸쳐 옮겨왔다는 조견당 대들보. 살아서 800
년, 조견당 대들보로 200년, 천 년 묵은 나무인 조견당 대들보는 하늘을 받치는 역동적인 모양으로 가공해
올린 독창적인 솜씨로 보는 이들의 감탄의 대상이 되곤 한다.

전해지는 이야기로는 인근 지역의 소나무가 밀식된 어느 산
에서 30여 명의 인부가 석 달에 걸쳐 끌고 온 나무라고 한
다. 적당히 가지를 치고 하루에 겨우 몇 미터씩 끌고 밀고
굴리며 여기까지 온 것이다. 인부들이 함께 밥을 지어 먹으
며, 또 밤이 오면 나무 근처에서 잠을 자면서 조금씩 조금
씩 이동해 온 것이다. 그 거대한 나무를 보고 목수는 가슴
이 뛰었을 것이다. 그리고 자신이 동원할 수 있는 최고의 상
상력과 기능을 발휘해, 오늘날 조견당의 위풍당당한 대들보
를 남기게 된 것이다.

궁중과 절간을 빼고는 민가의 대들보로는 조견당 대들보가 가장 클 것이라고 생각된다. 그러나 크기만이 아니라 초생 달처럼 다듬어 하늘을 받치고 있는 것 같은 역동적인 모양 으로 가공해 올린 독창적인 솜씨는 지금도 조견당을 찾아 오는 많은 이들의 감탄의 대상이 되곤 한다.

名品古宅 名品講義

조견당 안채는 기역자로 되어 있다. 북쪽을 중심으로 동과 서로 나뉘어 있는 모양새다. 많은 이들이 그냥 지나치지만, 서쪽의 벽을 찬찬히 들여다보고 깊이 있게 관찰할 필요가 있다. 대청마루가 시작되는 끝 기둥에서 왼쪽으로 다섯 칸의 공간을 잘 들여다보면 매우 재미있는 공간분할이 이루어진 것을 발견할 수 있다.

우선 첫 번째 칸에 있는 두 짝의 여닫이문은 매우 좁다. 그래서 문 양 옆의 공간도 좁게 배치되어 있다. 문짝의 폭과 옆의 공간은 1대1로 구획되어 있음을 알 수 있다. 다음 칸은 조금 복잡한 구성인데, 우선 아래쪽 문과 윗 공간이 1대1이다. 나머지 공간도 1대1대1로 나눠져 있음을 알 수 있다. 다음 세 번째 칸은 부엌문인데, 두 짝의 판문과 나머지 공간도 정확히 1대1이다. 다음 네 번째 칸도 문짝의 폭과 여백의 공간이 정확하게 1대1이다. 첫 번째 칸의 공간 분할과 비교가 되는데, 문짝의 폭이 넓으면 옆 공간의 벽도 넓게 했고 좁으면 좁게 배치한 의도가 정확히 읽히는 구성이다. 마지막 다섯 번째 칸은 가운데 벽을 두고 양쪽이 한치의 오차도 없이 역시 1대1의 균형을 맞췄다.

문과 벽의 공간을 정확하게 1대1로 배치한 구성의 원리는 무엇일까? 그것은 아마도 공간분할과 공간배치의 기본적 미학의 단위가 아닐까 싶다. 문짝의 폭이 좁은데 옆의 벽의

조견당 서쪽 벽면에는 기둥 사이마다 다양한 형태의 창호가 있다. 다섯 칸의 간격이 모두 다르고, 각 칸마다
창호와 벽면의 넓이를 정확히 1대1로 구획하는 절대미감의 공간분할을 완성하였다. 이는 한옥 건축에 있어

매우 중요한 의미를 지니는데, 한옥이 목수의 적당한 눈대중으로 지어졌다는 세간의 편견과 무지를 단숨에 뒤집는 증거가 된다는 점에서 건축사에 큰 획을 긋는 이정표가 되는 건축물이다.

창호의 폭이 1이면 벽체의 폭도 정확히 1로 배분한 공간분할의 법칙이 엄격하게 지켜졌다. 그 결과 다양한 형태의 창호와 벽면이 조금도 흐트러지지 않는 질서와 엄격함 속에서 절대미감의 공간분할이 완성되었다.

공간이 지나치게 넓게 되어 있다면 어떤 느낌일까? 또, 문짝의 폭은 넓은데 옆의 벽이 지나치게 좁다면 어떨까? 전자는 맞지 않는 옷을 입은 것처럼 뭔가 헐렁한 느낌일 것이고, 후자는 왠지 옹색하고 여유가 없는 답답한 느낌일 것이다. 결론적으로 조견당을 지은 목수는 벽체에 들어가는 창호와 양 옆의 공간을 1대1이라는 원칙을 가지고 정밀하게 설계했다는 것을 알 수 있다.

이것은 한옥의 건축사에 있어서 매우 중요한 증거가 될 수

한옥을 적당히 눈대중으로 지었다고 생각하는 사람들이 아직도 적지 않다. 조견당 벽면의 아름다운 공간분할은 한옥이 한 치의 오차도 용납하지 않는 디테일한 설계에 의해 시공되었음을 보여주는 실증적인 사례이다.

있다. 왜냐하면 한옥을 짓는 사람들도 한옥 건축은 기둥과 기둥 사이, 즉 칸의 넓이만 알면 적당히 지을 수 있다고 생각하는 사람들이 의외로 많다. 평면도 정도만 있으면 된다고 생각하는 사람들이 적지 않다는 것이다. 그렇다면 조견당 벽면의 공간분할과 이에 따르는 시공의 정밀함은 우연의 산물이란 말인가? 결코 그렇지가 않다. 다섯 칸의 폭이 저마다 다 다르고, 그 칸 속에서 이뤄지는 1대1의 공간분할이 이토록 정밀하게 계산된 결과물인데, 어떻게 적당히 눈대중으로 이것이 가능할 수 있단 말인가?

절대미감의 DNA가 확고히 자리 잡고, 그것을 체현해 낼 수 있는 기능이 거의 완벽한 경지에 오른 사람만이 이 같은 집을 완성해 낼 수 있다. 한옥은 집이 아니라 예술적 향기가 나는 하나의 작품이라 할 수 있다.

그리고 그 결과물인 건축물이 완성된 형태로 지금까지 2백 년 가까이 제 자리를 지켜오고 있는데, 처음엔 아무 생각 없이 지나치지만 조금만 관심 있게 들여다보면 이것이 결코 간단한 일이 아니라는 걸 깨닫게 된다.

어떤 미의 완결성은 그냥 어림잡아 되는 게 아니다. 미에 대한 확고한 기준과 그 기준이 만들어지기까지 수많은 시행착오를 거쳐 이루어지는 것이다. 그래서 문짝의 폭과 벽체의 넓이를 1대1로 해야 한다는 절대미감(絶對美感)의 DNA가

형성된 것이고 그 명령에 따라 그것이 건축에 반영된 것이
라고 본다.

조선 후기 건축물인 조견당을 지은 당대의 목수는 이 같은
미적 감각을 체득한 훌륭한 장인이었다고 본다. 세상에 많
은 목수가 있고, 많은 건축물이 있지만 아무나 아름다운 건
축물을 짓는 것은 아니다. 아무나 의미 있는 미의 결정체를
건축물로 옮기는 것이 아니다. 절대미감의 DNA가 확고히
자리잡고 그것을 체현해 낼 수 있는 기능이 거의 완벽한 경
지에 오른 사람만이 이 같은 집을 완성해 낼 수 있는 것이
다. 그래서 우리 한옥은 사람이 지었지만 사람이 지은 것이
아니라 인간으로서 최고의 경지에 오른 사람만이 구현해 낼
수 있는, 그 정성과 기능면에서는 어쩌면 신의 반열에 오른
사람만이 지을 수 있는 작품이라고 생각한다. 한옥은 집이
아니라 예술적 향기가 나는 하나의 작품인 것이다.

열.
주련 –
학문, 예술, 장인의 합작품

한옥은 그 자체로써 아름다운 건축물이기 때문에 별다른 장식을 구태여 할 필요가 없다. 한옥에 굳이 더 무엇을 해야 한다면, 그것은 주련이다. 조견당 안채 주련(첫 구)

주련(柱聯)은 한옥 기둥에 다는 시이다. 한옥은 그 자체로써 아름다운 건축물이기 때문에 스스로 여러 가지의 장식미를 갖추고 있다. 따라서 별다른 장식을 구태여 할 필요가 없다. 한옥에 더 무엇을 해야 한다면 그것은 주련이라고 생각한다.

조견당 안채에는 주련이 있는데, 7언절구의 당시(唐詩)의 품격을 갖춘 시가 명필의 붓을 빌어 검은 바탕에 흰 글씨로 쓰여 있다. 이 주련을 보면서 누가 시를 지었으며. 또, 언제

한 때 이 시를 김삿갓의 작품이라고 생각했다. 탁월한 시풍과 막힘없는 시의 운행이 그러한 상상력을 키우게
된 이유이다.   조견당 주련(둘째 구)

여기에 걸렸을까 그런 생각을 늘 하곤 했다. 그러면서 나름
대로의 상상력을 발휘해 이 주련은 틀림없이 김삿갓, 김병연
이 지은 것이라고 생각했다. 실제로 몇 몇 사람들한테는 이
시가 왜 김삿갓의 시인지를 나름대로의 논리를 세워 설명하
기도 했다. 사람들은 대체로 수긍하는 분위기였다.

이 시가 김삿갓의 시라고 생각한 데에는, 첫째 시가 매우 정
제되고 탁월한 시풍을 지녔다는 것을 꼽을 수 있다. 조견당
이 1827년에 상량을 올린 집인데, 그로부터 10년 전인 1817

년 어간부터 공사를 했다고 한다면, 그 당시 이곳을 지나치는 학자, 그냥 글줄께나 읽는 학자가 아니라 당나라 시를 배우고 7언율시를 줄줄이 읊을 줄 아는 탁월한 시인이 이곳을 지나갔다고 가정한다면, 영월군 하동면, 지금은 이름조차 '김삿갓면'으로 개명한 그곳에 연고가 있던 김삿갓이 가장 개연성이 있는 인물이라고 생각했다.

다른 하나의 이유는, 김삿갓의 시를 짓는 방식에서 그러하다고 유추했다. 김삿갓은 평생 한번 시작하면 끝까지 시를 단숨에 마치는 사람이지, 시를 쓰고 또 쓰고 다시 고치고 이런 사람이 아니다. 조견당 주련은 처음 첫 구절은 정자체인 해서로 시작한다. 다음 구절도 크게 변화가 없는 해서를 유지하지만, 세 번째 구절에 가서는 획이 빨라지고 속도가 붙어 마지막 석 자 상하렴(常下簾)은 거의 초서에 가깝도록 조급한 심정을 드러낸다. 그리고 마지막 구절에 가서는 다시 안정을 되찾고 글자에 멋을 부리며 마무리를 짓는다.

첫 번째 구절이 정자체인 이유는 다음 구절을 생각해야 하기 때문에 천천히 써 내려가는 것이고, 다음 구절도 그런 이유로 천천히 써 내려가다가 세 번째 구절에 이르러서는 마지막 구절을 잊어버리지 않고 빨리 가야겠기에 마음이 급해 붓을 빨리 놀리게 되는 이치이다. 마지막 구절은 잊어버리지만 않았다면 굳이 빨리 달려야 하는 이유가 없는 것

1800년대 초반, 이 나라 백성의 거의 절반이 유민이 되어 전국을 떠돌던 그 궁핍한 시대에 누가 이런 격조 높은 시를 지었을까를 생각하면, 이 지역에 연고를 가진 김삿갓으로 더욱 심증이 굳어졌다. 조견당 주련(셋째 구)

이다. 김삿갓의 시를 짓는 태도가 이렇다는 생각에 조견당 주련을 지은 주인공이, 그 어려운 1800년대 조선이 나라의 기능을 못하고 백성의 절반 가까이 유민이 되어 전국을 떠돌던 그 궁핍한 시대에 누가 이런 격조 높은 시를 지을 수 있었을까를 생각하면, 더욱 김삿갓으로 심증이 굳어지는 것은 어쩔 수가 없었다.

그런데, 이런 상상력과 나름의 논리를 일거에 무너뜨리는 일이 생겼으니, 조견당 주련의 주인공이 당나라 시인 백거이

당나라 최고 시인 중의 하나인 백거이의 시가 조견당 주련으로 재탄생했다는 것은 그 차체로도 새롭고 황홀한 깨달음이 아닐 수 없다.   조견당 주련(넷째 구)

(白居易, 자, 樂天)로 밝혀진 것이다. 당대 최고의 시인중의 하나로 이백과 두보와 쌍벽을 겨룰만한 인물인 백거이인 것이다. 이 시인의 '제왕처사교거(題王處士郊居)'라는 칠언율시 8구 중에서 3, 4번째 구와, 역시 이 시인의 '三月三日'이라는 시 5, 6구를 각각 취해 새롭게 완결된 네 구로 이루어진 시를 만들어 조견당 주련으로 완성된 것이다. 누가 글씨를 썼는지는 도무지 오리무중이고, 언제 각을 해서 달았는지도 밝혀진 게 없다. 오랜 고민은 끝이 났지만, 당나라 시대 최고 시인의 시가 조견당 주련으로 재탄생했다는 확인

주련의 글씨는 광개토대왕 비문 글씨이다. 한문의 고체에 해당하는 이 글씨는 서예가들이 맨 마지막으로 쓴다는 글씨이다.

은 새롭고 황홀한 깨달음으로 다가왔다. 더우기 조견당 상량일이 '3월 3일'이라는 점을 고려해 백거이의 '三月三日'이란 시에서 싯구를 가져온 것은 이를 고른 사람의 시에 대한 해박한 지식과 절묘한 선택의 결과여서 더욱 감탄을 자아내게 하고 있다.

2007년 새로 복원한 조견당 사랑채인 효성재에도 안사랑채에 네 구의 주련이 달려있고, 바깥사랑채에도 네 구의 주련이 걸려있다. 건양지화조만당(乾陽之和照滿堂)이라고 시작

2007년 복원한 조견당 사랑채인 효성재에 걸린 주련. 8행의 시에 주역의 8괘를 한 자씩 넣어 내용과 깊이를 더하였다.

하는 주련의 시는 이명권 박사가 지은 것이고, 글씨는 소엽 신정균 선생이 광개토대왕 비문 글씨로 격조 높게 써 주었다. 마지막으로 주련의 각은 소재 이창석 선생이 흰 바탕에 코발트색으로 마무리해 주었다. 이명권 박사는 어느 날 새벽 문득 조견당을 떠올리고 동양철학의 진수인 8개의 괘를 7언절구의 시에 녹여 넣어 아름다운 시를 완성했다. 그리고 소엽 선생은 이 시를 서예가들이 맨 마지막으로 쓴다는 광개토대왕 비문 글씨로 멋들어지게 써주었고, 강원도 거진에 사는 이창석 선생께서는 우리 시대 최고의 장인다운 솜씨

시와 글씨가 준비되면 누군가 나무에 글씨를 새겨주어야 한다. 평생 각수(刻手)로서의 삶을 아름답게 꽃피운 장인의 손을 거쳐야 이런 주련이 비로소 생명을 얻고 제 자리에 걸리게 된다.

로 각을 마무리 해 주었다.

시는 학문이요, 글씨는 예술이다. 또, 각은 고도의 기능이니, 학문과 예술, 그리고 최고의 장인이 만나야 하나의 주련이 완성된다. 조견당 사랑채에 걸린 주련은, 학문 이전에 영적인 사유의 결과물이라고 할 수 있는 시와, 용광로와 같은 열정으로 써내려간 예술혼과, 평생 각수로서의 삶을 아름답게 꽃피운 장인의 손이 만나 이루어낸 무엇으로도 바꿀 수 없는 보물인 것이다. 이 보물을 손에 넣은 조견당 주인은 아

시는 학문이요, 글씨는 예술이다. 또 각(刻)은 고도의 기능이니 학문과 예술, 그리고 최고의 장인이 만나야 하나의 주련이 완성된다.

마 이 세상에서 큰 복을 타고난 사람이 틀림없을 것이다. 세 분께 다시 한번 진심으로 감사드린다. 부족한 저에게 이런 과분한 선물을 주셨으니...

고택에
우리의 미래가
달려있다

하나.
고택은 민족정신 복원의 마당

둘.
고택에는 이야기가 있다

셋.
스토리는 모든 예술의 원천 자산

넷.
고택=이야기=미래 자산의 등식에 주목해야

다섯.
고택에 우리의 미래가 달려있다

하나.
고택은
민족정신 복원의 마당

지금 우리나라가 당면하고 있는 문제의 하나는 정신력의 문제이다. 백 년 전으로 돌아가면 그 때는 정말 아무 것도 없었다. 나라도 빼앗기고 민족정기도 사라지고 백성들은 희망 없는 삶에 하루살이처럼 허무에 내팽겨진 채 왜놈들의 학정에 신음하고 있었다. 하지만 아무 것도 없던 그 때 우리가 가진 것이 있었다면 그것은 강력한 정신력이었다.

어서 빨리 왜놈들의 통치에서 벗어나야겠다는 의지, 그리고 지긋지긋한 가난을 물리쳐야겠다는 생각, 훗날을 위해 자식들을 가르쳐야겠다는 다짐, 이런 맹렬한 의식들이 뭉쳐 강력한 정신력으로 응집되어 있었다. 그런 강력한 정신력으로 인해 우리는 빼앗긴 나라도 되찾았고 처참한 전쟁의 잿더미에서 기적 같은 경제발전을 이뤄냈다. 이는 오로지 우리 어른들의 강력한 정신력에 의한 것이었다고 생각한다.

그런데 오늘날의 대한민국은 어떤가? 백 년 전에 비하면 모든 것이 풍요롭고 삶이 윤택해졌다고는 하나, 우리에게 가장 없는 것이 무엇이냐고 묻는다면, 그것은 정신력이라고 답을 해야 할 것 같다. 정신력의 부재, 그것이 대한민국의 현상이자 대한민국의 가장 큰 문제가 아닌가 싶다. 요즘 너 나 할 것 없이 다 정신이 없다. 다들 어디다 정신을 빼놓고 사는지 알 수가 없다.

안동 임청각 옆에 있는 안동신세동7층전탑, 식민지 시대 중앙선 철도의 부설로 소중한 문화재가 훼손된 채
방치되다 시피 했다. 문화민족이라는 말이 무색할 정도로 문화와 문화재에 대한 정부와 국민의 시각과 수준
이 한심하다. 지금도 바로 옆으로 중앙선 기차가 다닌다.

고택에 우리의 미래가 달려있다

지금 대한민국에는 인간이 인간의 모습으로 살아가는데 필요한 최소한의 교육조차 존재하지 않는다. 누구는 조국의 독립을 위해 모든 것을 버렸지만, 건국 70년을 바라보는 지금 못난 후손들은 그것을 제대로 지키지도 못하고 있다. 임청각 대문.

인간이 인간으로 살아가는데 필요한 최소한의 공부는, 첫째 부모가 가르쳐야 한다. 그 다음에는 공교육이 책임져야 한다. 그러나 지금 대한민국에는 인간이 인간으로 살아가는데 필요한 최소한의 교육조차 존재하지 않는다. 부모는 자식 교육 다 내 팽개치고, 공교육은 입시교육에만 매달리고 있다. 대학 가는 교육이 현재 우리나라 교육의 전부라고 해도 틀린 말은 아니다.

그런데 그런 중차대한 일을 어디서 할 수 있을 것인가? 아

안동 임청각, 석주 이상룡 선생의 생가이다. 보물인 군자정의 보수공사가 한창이다.

파트나 슬라브집, 아스팔트는 아무래도 정신력을 복원하는 공부를 하기에는 적합하지가 않을 것 같다. 우리민족의 오늘날을 가능케한 강력한 정신력이 존재했던 그 시대 그 장소로 돌아가는 것이 맞을 것이다. 그곳이 바로 고택이다. 백 년, 이백 년 전에 지어 대대로 살아온 그 장소, 그 마당이 그러한 정신력을 복원하는 장소로는 더없이 좋을 것이다. 우리가 지나쳐 왔지만 돌아가 보면 시간과 역사와 이야기가 머무는 곳, 그곳이 바로 고택이다.

둘.
고택에는
이야기가 있다

안동 군자마을을 지키는 김방식 선생. 수몰의 위기에 처한 집안의 누대에 걸친 고택들을 이곳 군자리로 옮기는 대역사를 함께 이루고 이제는 선조들의 얼과 정신을 지키는 파수꾼으로 살고 있다. 여기에도 무궁무진한 이야기가 도처에 숨어 있다.

고택이란 오래된 집이다. 옛집에는 묵은 이야기가 있다. 할머니 무릎에 앉아 '옛날 옛날에...'로 시작하는 '옛날얘기'를 들어본 사람은 알 것이다. 그 이야기가 얼마나 오래도록 우리 머릿속을 돌아다니고, 얼마나 우리 뇌리에 깊이 각인되어 있으며, 얼마나 우리의 행동양식을 지배해 왔는지를.

안동시 오천리 군자마을에 가면 광산 김씨 집성촌이 있다. 안동댐으로 수몰 위기에 처한 인근 일가의 고택을 옮겨 한 군데 모아 다시 세운 곳이다. 여기에는 조선 초기 1500 년

안동 군자마을 후조당. 안동시 와룡면 오천리에 있는 광산 김씨 예안파 종택에 딸린 별청 건물이다. 이 현판
의 글씨는 퇴계 이황의 글씨로 알려져 있다. 이 현판 하나로도 광산 김씨 집성촌인 군자마을의 위상을 가늠
할 수 있다.

고택에 우리의 미래가 달려있다

후조당 기둥과 보아지, 그리고 선자 서까래, 한옥의 멋과 맛이 목수의 손에 의해 한껏 만개한 상태의 건축물
이다.

대 초에 지어진 집을 비롯해 시대별로 다양한 맵시와 각자의 기능을 했던 집들이 모여 있다. 5백 년이 넘으면 5백 년 동안 쌓인 이야기가 존재한다. 이 집을 몇 년째 관리하고 있는 이 집 자손 김방식 형은 조선 초기 양식의 특징을 지닌 후조당을 설명하면서 퇴계 이황 선생이 직접 썼다는 현판을 가리킨다. 안동지역에서는 퇴계의 영향력이 미치지 않는 곳이 거의 없다고 해도 과언이 아니다. 퇴계의 영향력이 어디 안동뿐이랴. 그렇다면 퇴계와 후조당 주인인 광산 김씨와의 인연에 대해 말하자면 아마 몇 날 밤을 새워도 끝나지 않을 것이다.

안동에는 탁청정, 후조당이 있는 군자마을 뿐만 아니라 우리가 잘 알고 있는 서애 유성룡 선생의 후손들이 살고 있는 하회마을, 상해 임시정부 초대 국무령을 지낸 석주 이상룡 선생의 임청각, 그 밖에 청암정, 경당고택, 간재종택 등 이루 헤아릴 수 없이 많은 고택들이 우리가 감히 헤아리기 어려울 정도의 묵은 이야기들을 간직한 채 세월의 이끼를 더하고 있다. 청송 심씨 심부자댁의 송소고택, 성주의 사우당 고택, 봉화의 권진사댁, 만산고택 등 어떤 보물로도 바꿀 수 없는 이야기들이 무진장 쌓여 있는 고택들이 마치 어서 와서 우리 가문의 내력과 뿌리 깊은 연원에 대해 들어보라고 손짓하고 있는 것 같다.

셋.
스토리는
모든 예술의 원천 자산

드라마 한 편을 만들려면 대본이 있어야 한다. 대본은 이야기의 바탕 위에서 만들어진다. 드라마 대본뿐만 아니라 연극의 희곡, 영화의 시나리오, 오페라, 뮤지컬 대본 등 어떤 예술 작품의 원천도 다 스토리에서 시작한다. 이야기는 모든 예술의 시작이자 마지막이다. 이야기가 없는 예술은 없다. 이야기는 모든 예술가들의 영감을 이끌어내는 최초의 동기이자, 그들로 하여금 예술이 가능하도록 만드는 바탕이다.

그런데 이토록 긴요한 이야기가 어디 하늘에서 떨어지지는 않는다. 아파트가 빼곡한 도심 어디를 하루 종일 헤매고 다녀도 변변한 이야깃거리를 만나기 어렵다. 이야기는 세월의 흐름 속에서 적당히 첨삭되기도 하고 사람들의 바램과 염원을 담아 어떤 시대의 트랜드와 미래의 희망을 반영하는 특징이 있다. 홍길동전도 처참하게 버려진 임진란 이후 조선시대의 사회상을 반영한다. 춘향전도 남녀의 지고지순한 사랑만이 아니라 당시 반상이 엄연했던 시대상을 꼬집고 양반사회의 모순을 질타하고 있지 않던가.

우리나라는 지금 아무도 예상치 못했던 한류의 거대한 물결을 타고 있다. 한류는 누가 일부러 만들려고 해서 만들어진 것이 아니다. '대장금'에서 '해를 품은 달', 그리고 '태양의 후예'에 이르기까지 우리만의 독특한 소재로 드라마를 제작해 전 세계인들을 웃고 울리는, 우리나라 방송국의 탁

논산 윤증고택의 사랑채. 제자들이 지어서 스승에게 바친 건물이라고 전해진다. 한류도 그 뿌리는 다 이런 고택의 이야기에서 시작되는 것이다.

윤증고택에 있는 양력과 관련된 표석과 미닫이 여닫이가 동시에 기능하는 문틀.

이야기는 모든 예술의 시작이자 마지막이다. 이야기가 없는 예술은 없다. 스토리가 없는 작품은 존재할 수조
차 없다. 이야기는 모든 예술가들의 영감을 이끌어내는 최초의 동기이자, 그들로 하여금 예술행위가 가능하
도록 만드는 바탕이다.   안동 군자마을 후조당 외경.

고택에 우리의 미래가 달려있다

윤증고택의 안채와 곳간채의 사선 배치. 베르누이의 정리가 적용된 공간 배치이다. 아래는 약으로도 쓰였다
는 윤증고택의 장맛이 후대에 까지 이르러 큰 사업으로 이어지게 되었다.

월한 장인들의 손을 거친 위대한 성과물이다. 그걸 만들어
낼 수 있는 시스템이 우리에게 있다는 것이고, 그것이 세계
에 뿌려질 수 있는 비즈니스 시장이 엄연히 우리에게 열려
있음을 말하는 것이다. 이것이 다 우리만의 독특한 소재, 즉
이야기에서 나온 것임은 두 말 할 필요가 없다.

넷.
고택=이야기=미래 자산의 등식에 주목해야

오래된 집에는 오래된 묵은 이야기가 있다. 고택에는 고택이 견뎌왔던 시간과 역사의 흔적이 남아있고, 그 시간과 역사의 흔적이 고스란히 이야기로 전승되고 있다. 이야기는 모든 예술의 원천자산이다. 스토리 없는 예술은 없다. 존재할 수가 없다. 이야기야말로 예술과 문화의 산업화를 통해 다음 세대의 미래 먹거리를 찾아야 하는 우리로서는 '고택=스토리=미래 자산'이라는 등식에 주목하지 않을 수 없다.

최근 강원도문화재자료 제71호로 지정됐던 조견당(김종길 가옥)이 문화재에서 해제가 되었다. 이유는 몇 가지 사항을 지적하면서 문화재로서 가치가 손상됐기 때문이라고 했다. 그러나 그 이유를 가만히 들여다보면 적시한 네 가지 이유가 다 이유가 되지 않는다. 강원도가 보내온 문화재 해제 사유는 이렇다.

1. 광이 방으로 개조되었다.

2. 부엌 공간에 방이 만들어졌다가 다시 없어졌다.

   그 과정에 훼손이 생겼다.

3. 부엌이 원형을 잃었다.

4. 담장이 훼손되었다.

1985년 문화재 지정 당시의 조견당(전면).

1번에 대한 답은 이렇다. 1985년 문화재로 지정할 당시에도 방으로 돼 있었다.

2번에 대한 답은 이렇다. 1991년 처음 문화재 보수공사를 할 때 부모님이 기거할 곳이 없어 부엌 한 공간을 방으로 꾸미고 잠시 생활하다 공사가 끝나고 다시 원상 복구했고, 당시 벽에 만들었던 두 짝 문이 지금 남아 있을 뿐이다.

3번에 대한 답은, 어머니 살아계실 때 불 때는 아궁이를 가

문화재 지정 당시의 조견당(후면).

지고 겨울을 도저히 지낼 수가 없어 보일러로 난방을 바꾸었던 것을 2013년 '안진근 회전구들'이라는 전통에 바탕을 둔 전통 명장으로 하여금 구들을 놓게 하여 지금도 온전히 사용하고 있다.

4번에 대한 답은, 2011년 강풍으로 임시 창고로 만든 함석집이 공중으로 날아올라 문화재인 안채 지붕으로 올라앉는 이변이 생겨 그 때 함석집 쇠기둥이 담장을 크게 훼손시켜 문서로 또 구두로 수차례 영월군에 보수공사를 요청했으나 지

땅 값이 오르지 않는다고, 매매가 이뤄지지 않는다고, 문화재 때문에 지역개발이 안된다며 문화재 해제를 주
장하는 동네 사람들이 내건 현수막. 표를 의식해 자기 동네의 문화재 보수 예산을 통과시키지 않은 군의원들

과 이를 뒷짐지고 수수방관하는 공무원들이 있는 곳이 유감스럽게도 내 고향 강원도 영월군 주천이다.

금까지 그대로 방치되어 있는 상황이다.

이것이 조견당이 문화재에서 해제된 이유이다. 한마디로 이유가 되지 않는 이유를 들고 있다. 광이 방으로 개조되어 사용되고 있는 것은 조견당이 문화재로 지정된 1985년 훨씬 이전의 일이다. 1960년대 초부터 방으로 사용했다. 20대에 그 방에서 신방을 차리고 자식을 낳고 살던 사람이 지금 조견당 인근에서 살고 있다. 지금 8순을 바라보고 있으니 50년 전이라고 해야겠다. 한옥은 공간을 이렇게 저렇게 변형할 수 있는 것이 하나의 특징이다. 필요에 따라 부엌의 빈 공간이 방도 되고 광도 되고 다시 방이 되는 것을 훼손으로 보는 편협하고 왜곡된 시각이 안타깝다.

부엌이 원형을 잃었다는 데는 주인으로서 참으로 유감이다. 부엌 안에 콘크리트로 막아 놓고 어머님이 노후 몇 년을 사시다 돌아가신 후에 이것들을 다 들어내고 다시 부뚜막과 온돌을 이전처럼 복원하였다. 지금은 그 부엌을 이용하지 않으니 그 안에 물건을 쌓아 두기도 했을 것이다. 빈 공간에 안쓰는 물건을 쌓아 두는 것이 문화재 훼손이라고 보긴 어렵다. 대한민국의 고택 문화재 중에서 거의 절반이 사람이 살고 있지 않은데, 빈 집에 물건을 쌓아 두고 주인이 돌아가신 이후 그 고택들을 같은 이유로 문화재 해제를 했다는 이야기를 들어본 적이 없다.

담장이 훼손된 것은 문화재 담당 공무원의 직무유기이다. 단지 몇 백만 원의 예산이면 족한 것을 5년이 넘도록 방치한 것이다. 하기야 동네 사람들의 표를 의식해 담당 공무원을 문화재 근처에도 가지 못하게 위에서 누르는데 담당자인들 어찌할 수도 없었을 것이다.

우리나라는 참으로 웃기는 나라이다. 우리나라에 2백 년이 넘는 고택이 그리 많지 않다. 새로 집을 지을 수는 있어도 2백 년의 세월의 때를 입힐 수는 없다. 그런 소중한 문화재를 말도 안 되는 이유로 문화재에서 해제를 하는 그런 나라이다. 공무원은 소신이 없고, 군의원, 도의원은 표를 의식해 눈치만 본다. 군수 도지사도 마찬가지이다. 국회의원도 다르지 않다. 어쩌면 문화재는 그들과 관계가 없다. 주민들 외면을 받는 문화재는 귀찮은 존재일 뿐이다.

그래서 그들은 문화재를 해제하기로 담합을 한 것이다. 표를 가진 주민들 편을 노골적으로 들어주고 문화재를 부정하고 문화재 소유자의 자부심과 자긍심에 먹칠을 했다. 문화재위원들은 공무원들의 의중대로 억지춘향 엉터리 논리를 만들어 문화재 해제의 논리를 제공한 것이다. 엄밀하게 따지면, 문화재로 인한 주민들의 규제와 이로인한 피해는 문화재를 지정한 국가와 지자체가 해결해야할 문제이다.

고택=이야기=미래자산이라는 등식에 주목하다보면, 영월군이, 강원도가, 대한민국이 얼마나 거꾸로 가고 있는지를 알수 있을 것이다. 이들은 있는 것도 버리고 외면했다. 소유자가 온갖 어려움을 감수하고라도 문화재를 지키겠다는데 그렇게 하지 말라고 일방적으로 문을 걸어 잠궜다. 관리 주체인 국가나 지자체가 제 역할을 제대로 하지 못하고 있기 때문에 문화재 소유자가 주민들의 화살을 맞고 있는 것이다. 그들의 땅을 사 주던가, 공공용지로 개발을 하든가, 그것이 진정한 민원을 해결하는 방식이 아닌가. 이 과정에서 몇몇 사람들이 자신들의 이해관계를 위해 동네 사람들을 부추겨 문화재를 해제하려는 것은 있을 수 없는 일이라고 말하는 사람은 없었다. 이 모든 과정을 소상히 아는 문화제 위원들조차도 말이다.

고택=이야기=미래자산이 없어지는 현장이 눈앞에서, 표를 내세운 다수의 폭력으로 무참히 짓밟히는 참담한 현실이 오늘의 대한민국이다. 여기에는 동네의 집단 이지매와 군청, 도청, 군의회, 도의회 등 각자의 이익에 매몰된 눈 먼 자들의 부도덕하고 몰상식한 책임회피가 있었을 뿐이다. 이들에게 고택의 정신적 가치를 얘기하는 건 애당초 무리였다. 이들에게 고택에 숨어 있는 이야기가 우리의 미래 자산이라는 걸 설명하는 건 쇠귀에 경 읽기, 바로 그런 것이었다. 이들은 정신적인 가치를 이해하지 못했거나 알아도 외면했다. 어떤 공

무원도 자신이 관리하던 문화재가 해체되는데 대해 아쉬워
하거나 애석해 하는 사람은 없었다.

고택=이야기=미래자산은 오늘날 한류 문화를 가능케 한 원
천 자산이다. 이런 자산의 소중함을 모르고 멀쩡한 문화재
를 일방적으로 해제하는 야만적이고 폭력적인 행위가 2016
년 대한민국에서 버젓이 일어난 것이다.

우리는 아직 문명국가가 아니다. 우리는 아직 멀었다. 문화
를 외면하고 문화재의 가치를 왜곡할 뿐 아니라 그것을 지키
고 보전하지 못하는 어리석은 국민이다. 헌법 제9조에는 '국
가는 전통문화의 계승·발전과 민족문화의 창달에 노력하여
야 한다.' 이렇게 명시돼 있다.

땅값이 오르지 않는다고, 매매가 이뤄지지 않는다고, 문화재
를 백안시하고 문화재를 해제하는 나라이다. 아름다운 건축
문화재를 남기신 조상들께 한없이 부끄럽고 면목이 없을 뿐
이다.

다섯.
고택에
우리의 미래가 달려있다

어느 민족도 자신의 과거와 자신의 정신적 바탕을 잃고는 제대로 설 수가 없다. 우리도 마찬가지이다. 자신의 과거를 부정하고 오늘의 세속적 판단으로 모든 것을 재단하려 한다면 우리에게 미래는 없다. 문화와 문화재는 조상들이 우리에게 물려준 정신적 가치를 반영하는 자산이다. 우리 고유의 문화와 문화재는 우리만의 독창적인 소재와 색채로 전 세계인들을 감동시킬 수 있는 미래 산업이기도 하다. 우리만의 독특한 이야기가 바로 미래 산업인 것이다.

'반지의 제왕'이란 소설이 영화로 만들어져 전 세계에 극장가를 휩쓴 것이 불과 십여 년 전의 일이다. 1편인 '반지 원정대', 2편인 '두 개의 탑'으로 벌어들인 수입이 자그만치 20억 달러에 육박한다. 완결편인 '왕의 귀환'으로도 11억 달러 이상의 박스오피스 흥행 수입을 올렸다. 해리포터 시리즈도 마찬가지다. 미국 대중문화의 자존심으로 꼽히는 뉴욕 브로드웨이를 중심으로 펼쳐지는 캣츠, 시카고, 오페라의 유령, 위키드 같은 다양한 뮤지컬도 지금 미국을 먹여 살리는 거대한 비즈니스의 한 축이 되고 있다.

잘 만든 영화 한 편이, 인기 있는 소설 한 편이 휴대폰, 자동차, 선박과 같은 제조업 못지않게 큰 산업으로 각광 받는 시대가 도래된 것을 모르는 사람은 없다. 잘 만든 뮤지컬 한 편이, 잘 키운 아이돌 가수 한 명, 걸 그룹 한 팀이 벌어들이

어느 민족도 자신의 과거와 정신적 바탕을 잃고는 제대로 설 수 없다. 자신의 과거를 부정하고 오늘의 세속적
판단으로 모든 것을 재단하려 한다면 우리에게 미래는 없다. 문화와 문화재는 조상들이 우리에게 물려준 정

신적 자산이다. 우리만의 독창적인 소재와 색깔로 전 세계인들을 감동시킬 수 있는 미래 산업의 바탕이다.

외국인들은 결국 그들과 다른, 우리만의 색깔을 가진 우리 고유의 문화를 원한다. 우리에게 지금 그들에게 내놓을 문화가 있는가? 있다면 그 답이 고택이다. 마당에 핀 맨드라미를 채취해 덖으면 맛과 향이 뛰어난 훌륭한 차가 탄생한다. 조견당 가을에 핀 맨드라미와 종부.

는 경제적 가치는 천문학적인 수치에 이르렀다. '보아'라는 K-POP 가수가 일본에서 벌어들인 수입이 웬만한 중소기업 하나보다 낫다는 것을 우리는 이미 잘 알고 있다.

우리에겐 지금 무엇이 남았는가? 우리 고유의 것이라고 주장할 수 있는 것이 무엇인지 가만히 눈감고 손꼽아 보자. 우리가 세계에 내놓아도 손색이 없는 우리 문화는 어떤 것이 있는지 한번 생각해 보자. 외국인들은 우리에게 그들과 다른 우리 고유의 문화를 원한다. 그들은 그것을 보고 느끼고 즐

기기 위해 우리나라를 찾는다. 그들은 당장은 화장품도 사고 옷도 사고 이런 저런 우리 물건을 구입하지만 궁극적으로 그들이 원하는 것은 우리만의 냄새와 색깔을 지닌 문화라는 것을 알 게 된다. 우리에게 그들에게 내놓을 문화가 있는가?

있다면 무엇인가? 나는 단연코 그들에게 내놓을 가장 최상의 최선의 상품으로 고택을 얘기하지 않을 수 없다. 앞서 언급했지만 고택은 우리의 문화를 담아온 그릇이었다. 고택에 담긴 문화는 우리의 모든 것을 말해준다. 고택 자체도 우리 한옥의 아름다움과 건축적 탁월함을 지닌 건축물이기도 하지만, 그 속에는 우리가 먹고 살았던 음식과 우리가 입고 살았던 복식, 그리고 우리가 지키고 살았던 철학적 규범에 이르기까지, 이 시대가 꼭 필요로 하는 모든 것을 망라하고 있다고 해도 지나친 말이 아니다. 이것은 그대로 우리를 자랑스럽게 세계무대에 펼칠 수 있는 문화요, 나아가 문화상품으로 우리는 물론 우리 후손들의 미래를 밝힐 수 있는 중요한 산업으로 발전할 수 있음을 우리는 깨달아야 한다.

우리에게도 춘향전이 있고, 장화홍련전이 있고, 콩쥐팥쥐가 있음을 우리는 잊고 살았다. 이것이 단순히 소설로만 존재하는 것이 아니라 이제는 영화로 뮤지컬로 연극으로 만들어져야 한다. 우리에게도 홍길동전, 전우치전, 흥부놀부가 있다는 것을 이제는 확연히 다른 시선으로 다시 들여다보아야 한다.

고택이야말로 진정한 문화의 보고이다. 미래를 여는 보물창고이다. 오래된 집에는 오래된 이야기가 있다. 우리가 지나쳐 온 시간이 묵은 이야기로 쌓여 있는 곳이 고택이라는 것을 잊어서는 안 된다. 조견당 현판 종휘각.

우리만의 독특한 상상력과 판타지를 보여줄 수 있는, 우리 문화와 역사, 휴머니즘을 반영하는 이야기를, 이 시대에 어필할 수 있는 새로운 형식의 문화로 세계시장에 내놓아야 한다.

그런 면에서 고택이 이러한 이야기를 간직하고 있는 최고의 보물이라고 다시한번 강조하고 싶다. 비록 완결된 이야기는 아닐지라도 한 자리에서 수 백 년을 지키고 살아오면서 거기에 쌓인 이야기는 우리의 문화와 철학, 시대적 상황을 반영하는 역동성, 그리고 우리의 규범과 아름다운 가족애 모두를 담고 있다. 이것을 우리는 그동안 등한시 해 왔다. 아니, 누구도 고택에 쌓여있는 이야기에 주목하지 않았다. 이제 고택의 이야기를 발굴하는 일에 재능 있고 능력 있는 사람들이 매달려야 한다.

고택은 아직도 발굴되지 않은 고분과 같은 존재이다. 그 속에 무엇이 들어 있는지 사람들은 잘 모른다. 아니, 발굴을 하고서도 그 속에서 나오는 진정한 유물이 무엇인지 잘 이해하지 못했다. 고택이야말로 진정한 문화의 보고이다. 미래를 여는 보물창고이다. 고택을 단순히 오래된 한옥이라는 생각을 버려야 한다. 오래된 집에는 오래된 이야기가 있다. 우리가 지나쳐온 시간이, 묵은 이야기로 쌓여 있는 곳이 고택이라는 것을 잊어선 안 될 것이다.

고택에 다시 10년 세월의 덮개가 지층처럼 쌓였다. 그러나 아무것도 변한 것은 없다. 수백 년을 견뎌온 고택에 고작 10년 세월이랴. 10년이면 강산이 변한다고 옛 사람들은 말했다. 그렇다면 강산도 변하고 사람도 변했을 것이다. 그러나 변하지 않는 것이 있다. 고택이 변하지 않듯 그 안에 존재하는 어떤 것도 크게 달라지지 않았다. 고택을 둘러싸고 있는 바깥 세상만 달라지고 있을 뿐이다.

변하지 않는 것이 또 있다. 군수가 선출직이라 동네 표를 의식해 문화재 해제에 앞장서고, 군의원, 도의원들도 나몰라라 자기 자리 보전하기 위해 문화재를 헌신짝 버리듯이 하고, 문화재 담당 공무원들이 문화재를 방치하는데 일조하는 악순환의 고리는 여전하다. 문화재 위원이라는 자들도 한번 잘못된 결정을 번복하고 싶지는 않다고 문화재 재지정에 떨떠름한 표정이다.

다들 안타깝다고 한다. 다들 알아보겠다고 한다. 다들 곧 좋은 소식이 있을 거라고 한다. 그러나 바깥 세상은 여전히 침묵만 하고 있을 뿐이다. 그러는 사이 고택은 점점 기울어져 가고 있다. 고택은 신음하고 있다. 고택이 가진 아름다운 명분도 서서히 제 빛을 잃어가고 있다. 온갖 장식물과 금붙이들로 가득 찬 고분과도 같은 이 고택에 이처럼 무거운 침묵만이 어둡게 가라앉은 현실이 그저 가슴 아플 뿐이다.

그렇다고 여기서 모든 걸 포기할 수는 없다. 이순신 장군의 교훈처럼 모든 것을 자력으로 이루어 나아가야 한다. 주변의 환경이나 국가나 지자체의 지원이나 도움은 일시적이고 한시적일 수 밖에 없다. 3백 년이 넘는 터전이, 그동안 겪어온 역사와 철학이 일시적인 어려움으로 매몰되지도 않을뿐더러 이런 어려움으로 인해 더욱 단단해지고 이를 헤쳐나가려는 가운데에서 또 다른 방법과 혜안이 나올지도 모를 일이다.

올해도 조건당의 봄꽃은 지천으로 피어 계절이 바뀌었음을 실감케 하고 있다. 이것이 자연의 순리이고 그 순리에 맞추어 살고자 했던 조상들의 정신과 철학이었음을 절실하게 느낀다. 오백 년 밤나무 그루터기와, 사백 년 동안 매년 꽃을 피우고 열매를 맺어준 배나무와, 집터를 고를 때 같이 심었다는 3백 오십 년 된 돌배나무도 꽃을 피우는, 땅의 기운이 한껏 솟아오르는 요즘 조건당은 바위처럼 무거운 침묵 속에 어두운 실루엣만으로 존재하고 있다.

긴 겨울의 터널을 뚫고 다시 봄이 찾아오듯 조견당에도 진정한 봄의 기운이 올 것을 믿는다. 머지 않은 장래에 진정한 봄의 훈풍이 찾아올 것을 믿는다. 그리하여 다시금 주변에 새싹이 돋고 열매가 풍성하게 맺힐 것을 기대한다. 역사도 돌고 돌며 세상의 기운도 바뀌게 마련이며 권불십년이라는 말도 있고 화무십일홍이라는 격언도 있다. 한 때의 무엇이 다 부질없음을 이르는 말이다. 삼백 년이 넘는 터전이 이까짓 외풍에 쓰러질리는 없디. 아무도 시간을 이길 수는 없는 법이다. 조견당에 지금도 켜켜이 쌓이고 있는 시간이 이 모든 것을 증명하게 될 것이다.

문화평론가 김주태 기자
고택을 만나다

초판 1쇄 발행	2017년 2월 25일
개정판 1쇄 발행	2025년 6월 15일
지은이	김주태
펴낸이	이명권
펴낸곳	열린서원
등록번호	제300-2015-130호(1999년)
주소	강원특별자치도 화천군 간동면 용호길 73-155
전화	010-2128-1215
전자우편	imkkorea@hanmail.net
ISBN	979-11-89186-76-0(03380)

값 23,000원

※ 잘못 만들어진 책은 구입한 곳에서 교환해 드립니다.
※ 이 도서에 국립중앙도서관 출판사 도서목록은 e-CRP홈페이지
　　(http://www.nl.go.kr/ecip)에서 이용하실 수 있습니다.